化学・化学工学のための

実践データサイエンス

Pythonによる
データ解析・機械学習

金子 弘昌 ［著］

朝倉書店

まえがき

　分子設計・材料設計・プロセス設計・プロセス管理において，データ解析・機械学習をすることが一般的になってきました．ケモインフォマティクス・マテリアルズインフォマティクス・プロセスインフォマティクスという言葉も色々な場面で使われています．企業の中に，データ・AI・MI・インフォマティクス・デジタルといった単語を含む研究所名や部署名も増えてきました．実際，大学・企業・研究所などの多くの方々から，データ解析・機械学習に関する著者への相談がたくさんあります．

　データ解析・機械学習を実施する多くの方はプログラミング言語として Python を利用していますが，一方でプログラミングが苦手でありデータ解析・機械学習の利用が進まない方もいらっしゃるかもしれません．そのような方でも，データケミカル株式会社 (最高技術責任者 CTO が著者) が提供しているデータ解析・機械学習のクラウドサービス「Datachemical LAB (データケミカルラボ)」 (https://www.datachemicallab.com/) を利用することで，プログラミングなしでデータ解析・機械学習による分子設計・材料設計・プロセス設計・プロセス管理が可能になっており，データ解析・機械学習の利活用が加速的に進んでいます．

　データ解析・機械学習で用いられている技術は進化を続けています．例えば，環境省の大型プロジェクトである令和 4 年度地域資源循環を通じた脱炭素化に向けた革新的触媒技術の開発・実証事業において，「革新的多元素ナノ合金触媒・反応場活用による省エネ地域資源循環を実現する技術開発」が採択されプロジェクトが開始されましたが，その中核技術の一つはデータ解析・機械学習に関するものです．

　以上のような背景の中，すでに回帰分析やクラス分類によりモデル構築や予測を検討したことのある，データ解析・機械学習による分子設計・材料設計・プロセス設計・プロセス管理の中級者向けの本として本書を執筆しました．初学

者向けの本はすでに出版されており，これからデータ解析・機械学習や Python を学ぶ人は，以下の書籍のいずれかを読むことで，本書を読むための知識・技術を効率的に習得できます．ぜひあわせてお読みいただければと思います．

- 金子弘昌，「化学のための Python によるデータ解析・機械学習入門」，オーム社，2019
- 金子弘昌，「Python で気軽に化学・化学工学」，丸善出版，2021
- 金子弘昌，「Python で学ぶ実験計画法入門 ベイズ最適化によるデータ解析」，講談社，2021

　本書では，著者が運営するデータ化学工学研究室で培われた知識・技術，そして実施された研究の成果をまとめた Python ライブラリである DCEKit をふんだんに活用しています．高度化したデータ解析・機械学習の技術も DCEKit に含まれており，分子設計・材料設計・プロセス設計・プロセス管理の様々な問題・課題に対応できるでしょう．今も進化を続けている DCEKit を，本書を通して存分に堪能してください．

　本書の第 1 章には学ぶために必要な Python 環境と DCEKit の準備について記載があります．必ずお読みください．第 2 章からは，データ解析・機械学習における項目ごとに各章がまとまっています．はじめから順番に読む必要はなく，目次から気になる項目をお読みいただければと考えています．

　本書の原稿の確認やサンプルプログラムの検証について，明治大学のデータ化学工学研究室 (金子研究室) の石田敦子さん，畠沢翔太さん，森下敏治さん，岩間稜さん，谷脇寛明さん，山影柊斗さん，山本統久さん，杉崎大将さん，池田美月さん，金子大悟さん，中山祐生さん，本島康平さん，湯山春介さん，吉塚淳平さん，山本彩乃さん，川越琳太さん，白木優也さん，佐溝茂良さん，安藤瑠海さん，落合晴希さん，木村昭瑛さん，酒井優太さん，高岡翔さん，中西大和さん，松原正佳さん，和久津優太さん，瀧上将太郎さんにご助力いただきました．ここに記し，感謝の意を表します．ありがとうございました．また，自宅で執筆していても温かく見守ってくれた妻の藍子と，おとなしくしてくれた娘の瑠那と真璃衣に感謝します．

　2022 年 9 月

金 子 弘 昌

目 次

データ解析・機械学習の導入および事前準備

1.1 分子設計・材料設計・プロセス設計・プロセス管理

　高機能性材料を研究・開発・製造する際，化学データや化学工学データを活用してデータ解析・機械学習を行い，分子設計・材料設計・プロセス設計・プロセス管理を効率化することが一般的となっています[1].

　分子設計では，化合物の化学構造・分子構造を数値化した分子記述子 x と活性・物性・特性 y との間で数理モデル y = f(x) を構築します．構築されたモデルに基づいて，新たな化学構造に対する活性・物性・特性の値を予測したり，活性・物性・特性が所望の値となる化学構造を設計したりします．

　材料設計では，材料の活性・物性・特性 y と材料の合成条件や製造条件 x との間で数理モデル y = f(x) を構築します．モデルに基づいて，実験前もしくは製造前に材料の合成条件や製造条件から材料の活性・物性・特性を予測したり，目標の材料を達成するための合成条件や製造条件を設計したりします．

　プロセス設計では，目標の性能をもつ装置やプラントを設計するため，プロセスシミュレーションもしくは実験を行う際のプロセス条件 x と装置・プラントの性能 y との間で数理モデル y = f(x) を構築することで，装置やプラントの目標の性能を達成するためのプロセス条件を効率的に設計できます．

　プロセス管理では，温度や圧力などの簡単に測定可能なプロセス変数 x と製品品質を代表する濃度・密度などの測定が困難なプロセス変数 y との間で数理モデル y = f(x) を構築します．モデルを用いることで，簡単に測定可能なプロセス変数の値から，測定が困難なプロセス変数の値をリアルタイムかつ連続的に推定できます．推定値を実測値の代わりに使用することで，効率的なプロセス制御を達成できます．

　分子設計・材料設計における研究・開発はケモインフォマティクスやマテリ

アルズインフォマティクス，プロセス設計やプロセス管理における研究・開発はプロセスインフォマティクスと呼ばれ，それぞれ活発な議論がなされています．これらの詳細については著者の前著[1]に記載されているため，興味のある方はそちらをご覧ください．

　分子設計・材料設計・プロセス設計・プロセス管理それぞれの分野において，データ解析・機械学習を行うために，サンプルや特徴量を収集してデータセットを作成する必要があります．そして得られたデータセットの前処理を行ったり，特徴量を選択したり，データセットを可視化・見える化したり，クラスタリングしたりして，データ解析を進めます．回帰分析やクラス分類により x と y の間で数理モデルを構築する際は，予測精度の高いモデルを構築することが重要です．データセットごとにモデルの予測性能を適切に評価して，オーバーフィッティング (過学習) していない予測精度の高いモデル構築手法を選択する必要があります．

　モデルを運用して分子設計・材料設計・プロセス設計・プロセス管理をする際は，モデルの適用範囲 (applicability domain：AD) を考慮する必要があります．AD とはモデルが本来の予測性能を発揮できる x のデータ領域のことです．新しいサンプルの x の値が AD 内であれば y の予測値を信頼できますが，AD 外であれば信頼できません．与えられたデータセットに基づいて AD を設定し，新しいサンプルの y の値を予測する際は AD 内か AD 外か検討します．

　AD を考慮することで的確な予測を達成できる一方で，分子設計・材料設計・プロセス設計に必要なことは，活性・物性・特性 y の目標値からそれを実現するための特徴量 (合成条件・プロセス条件など) x を導くことです．これをモデルの逆解析と呼びます．モデルの逆解析により，例えば x が提案された後，実際に合成などを行い y の値を測定します．測定値が目標を満たしていれば開発は終了となりますが，目標を満たしていなければ，そのデータをデータセットに追加してモデルを再構築し，次の x を提案します．このように実験・モデル構築・モデルの逆解析を繰り返すことを適応的実験計画法と呼びます．特に y の目標値が既存のデータセットにおける y の値から遠い場合にはベイズ最適化 (Bayesian optimization：BO) により効率的に目標までの合成条件を探索できます．

　BO を含む一般的な逆解析で行われていることは，x の仮想サンプルを大量に生成し，それらをモデルに入力して y の値を予測し，予測値が良好な仮想サンプルを選択する，すなわち順解析を網羅的に繰り返す擬似的な逆解析にすぎま

せん. これでは人が事前に想定した x の探索範囲における y を予測することにすぎず, 当初想定しない条件でこそ発現する新機能の探索には全く対応できません. そこで著者の研究室では, y の値から x の値を直接的に予測する, すなわち数理モデルを直接的に逆解析する手法「直接的逆解析法」を開発しています[2,3]. 数理モデルを解析することで, y の目標値から直接 x の値を自由自在に予測できます. さらに直接的逆解析法では y が複数, すなわち活性・物性・特性が複数存在する場合でも, すべての物性の目標値を満たす x の値を提案できます.

　第 2 章以降では, 分子設計・材料設計・プロセス設計・プロセス管理におけるデータ解析・機械学習の過程であるデータセットの作成, データセットの前処理, 特徴量選択, データセットの可視化・見える化, クラスタリング, 回帰分析・クラス分類, AD, BO, モデルの (直接的) 逆解析について学びます. また各過程における注意点についても説明します.

1.2　事前準備〜Python 環境と DCEKit〜

本書では以下の各項目について概要を理解していることが前提になります.
- データセットの作成
- 化学構造の数値化
- 時系列データ
- 特徴量
- 目的変数, 説明変数
- データセットの可視化・見える化
- クラスタリング
- クラス分類
- 回帰分析
- モデルの検証
- モデルの予測精度
- トレーニングデータとテストデータ
- クロスバリデーション
- モデルの適用範囲

- モデルの逆解析
- 実験計画法
- 適応的実験計画法
- ベイズ最適化
- Python プログラミング

著者の前著[1,4,5] のいずれかを読むことで，これらの知識・技術を効率的に身につけられます．ぜひあわせてお読みいただければと思います．

本書にはプログラミング言語 Python のサンプルプログラムを同封しています．以下がダウンロード用 URL[6] です．

https://github.com/hkaneko1985/python_intermediate_asakura

サンプルプログラムを実行する環境として，Anaconda[7,8] がインストールされていること，もしくはこちらの記事[9] にあるいずれかの方法で環境が準備されていることを前提としています．なお刊行時点では，Anaconda3 からインストールされた Python 3.7.9 で Spyder において動作を確認しています．ダウンロード用 URL[6] におけるサンプルプログラムは Python や使用しているライブラリのバージョンアップなどに対応して随時修正予定です．

サンプルプログラムの中には DCEKit[10] がインストールされている必要があるものもあります．Windows の方は Anaconda Prompt もしくは Miniforge Prompt，MacOS の方はターミナルを起動して，以下を実行して DCEKit をインストールしましょう．

```
pip install dcekit
```

DCEKit の詳細や使い方についてはこちらのウェブサイト[10,11] に詳細が記載されています．ただサンプルプログラムを実行するだけでしたら，特にお読みいただく必要はありません．

また本書でも使用する DCEKit におけるサンプルプログラムは，こちら[12] からダウンロードできます．ぜひご活用ください．

データセットの作成

　目的変数 (活性・物性・特性など) y と説明変数 (特徴量・記述子・合成条件・製造条件・プロセス条件・プロセス変数など) x との間に，予測精度の高い回帰モデルやクラス分類モデルを構築したり，構築したモデルを逆解析して有効な x のサンプル候補を獲得したりするためには，適切に x を設計してデータセットを作成する必要があります．本章ではそのための方針について説明します．

2.1　データ解析前における説明変数 x の決め方・選び方の方針

　目的変数 y と説明変数 x との間に，クラス分類や回帰分析によって数理モデル y = f(x) を構築します．モデルを構築するためにはデータセットが必要であるため，y と x を考慮してサンプルを集めます．モデルを構築するときには何らかの目的が存在するはずであり，もちろん y として適切に数値化もしくはカテゴリー化する必要はあるかもしれませんが，基本的に y はその目的に応じて決めることになります．

　一方で x に関しては，モデル構築前にデータセットを準備する際，データ解析・機械学習を実施する人が設定する必要があります．化学データ，化学工学データを適切に表現するために，x を作成したり，選択したりする方針が 2 つあります．

　一つ目の方針として，予測精度の高いモデルを構築できる x を準備します．y を的確に説明できる x ほどよいといえます．モデルの予測精度や予測精度の評価に関しては，第 8 章をご覧ください．

　例えば実験系において，サンプルごとの y の値の違いを説明するための実験条件は，x に入れたほうがよいです．x を決める時点ではモデルの予測精度が高いかどうかはわからないため，少しでも y と関係していると考えられる特徴量

は，x に入れておきましょう．実際は，すべてのサンプルで同じ値をもつ実験条件以外は，x に追加しておくとよいでしょう．

ただ，絶対に y と関係のない特徴量は，事前に除きましょう．なぜなら x が多いほど偶然の相関 (8.10 節参照) が起こりやすく，モデルがトレーニングデータにオーバーフィットしやすいためです．

もう一つの方針は，y の値を予測するときに x の値がわかるかどうかです．モデル y = f(x) に x の値を入力することで y の値を予測するため，y の値を予測したいサンプルにおいて x の値が必要です．例えば分子設計のとき，分子の化学構造から計算できる特徴量であれば，化学構造を生成した後にその特徴量を計算できるため，y の値の予測に用いることができます．しかし，分子の物性のような特徴量は，分子を合成してその物性を測定しないと特徴量の値が得られないため，分子設計をするときの x としては適切ではありません．

材料設計のとき，原料の組成や反応温度・反応時間などの実験条件であれば，データ解析する人が値を設定できるため，x として用いることができます．しかし，例えば高分子の分子量や分子量分布など実際に重合して測定しないと値が得られない特徴量は，材料設計において x として使用するのは適切ではありません．

ソフトセンサーにおける目的の一つに，y の値を迅速に予測することがあります．温度・圧力などのようにハードセンサーによってリアルタイムに値が得られる特徴量であれば，x として用いることはできますが，測定に時間がかかるような特徴量の場合は，測定時間の分，y の値の予測に時間がかかってしまうため，適切ではありません．

以上のように，回帰モデル・クラス分類モデルの予測精度だけでなく，y を予測するときに値が得られるかどうか，という観点でも x を決めたり選んだりするようにしましょう．

2.2 複数の物質が混合されてできた物質の特徴量の作成

ポリマー設計において，共重合体 (コポリマー) の特徴量を考えるとき，各モノマーを数値化した後に，それらのモノマーの組成比を重みとした重み付き平均 (加重算術平均もしくは単に加重平均) を計算することで数値化することがあ

ります．また合金の特徴量を考えるとき，用いる金属元素もしくは非金属元素を数値化した後に，それらの組成比を重みとした加重平均を計算することで数値化します．ほかにも，複数の物質を混合して材料を作る場合など，一般的に混合物の特徴量を考えるとき，各物質の組成比を重みとした加重平均によって，対象の材料を数値化することが行われます．

これは適当な理由で加重平均を計算しているわけではありません．特徴量を作成するとき，混合物をどのように数値化するか，と考えます．非常に単純な例ですが，化学構造を置換基の数で数値化するとき，複数の化合物を混ぜた後の置換基の数は，それぞれの化合物における置換基の数に，混合した量 (物質量) を掛け合わせて，すべて足し合わせたものといえます．加重平均の考え方です．もちろん，それらの化合物間の関係 (水素結合など) については考慮できませんが，それぞれの化合物が独立に存在すると仮定したときに数値化していると考えることはできます．原子量・分子量・式量に関しても，置換基と同じ考え方ができます．

もちろん，複雑な構造記述子や金属元素もしくは非金属元素の情報において，加重平均を計算してよいのか，と考える場合もありますが，上で示した考え方を拡張して，加重平均で数値化します．また物質の特徴量によっては，重みをつけて算術平均を計算するのではなく，重みでべき乗して幾何平均を計算する (加重幾何平均を計算する) ほうが適切なこともあります．なお，加重幾何平均については，対数変換をすると，各特徴量を対数変換した後に加重平均を計算したものに対応しますので，そちらのほうが変換しやすいかもしれません．ほかにも，調和平均，max-pooling，min-pooling，重み付き分散といった変換方法があります．

ケモインフォマティクス・マテリアルズインフォマティクス・プロセスインフォマティクスにおいて，混合物を数値化するときには，単純に重み付き平均をとるだけでなく，どのようにして混合物を数値化して特徴量とすれば，特徴量と活性・物性・特性との間の関係性を得られやすいか，といった視点で考えるとよいでしょう．ただ前節に書いたとおり，y の値の予測や数理モデルの逆解析ができなければ意味がない場合には，そのような視点も入れて特徴量を決めましょう．

2.3 モデルの逆解析により得られるサンプルの多様性を高める

目的変数 y と説明変数 x の間で回帰モデルやクラス分類モデル y = f(x) を構築することで，y がわからないサンプルでも x の値をモデルに入力して y を予測できます．予測精度の高いモデルを構築するためには，適切に x を設計することが大切です．もちろん 2.1 節で述べたように，x を設計するときは y の値の予測やモデルの逆解析をすることも考慮する必要があります．

分子設計・材料設計・プロセス設計において，特にモデルの逆解析をすることで多様な解 (多様な x のサンプル) を獲得したい場合，x を設計するときに念頭に置いておくべきこととして，x を抽象化することが挙げられます．

x が具体的なものであればあるほど，トレーニングデータと同じようなサンプルしかモデルの逆解析で得られなくなり，抽象化度を上げれば上げるほど，多様なサンプルが得られるようになります．例えば，分子の水素結合を x の特徴量として表現しようとしたとき，水酸基の数やフッ素の数といった具体的な記述子で考慮できるかもしれません．しかし，y を予測したい分子に，アミノ基のある分子があるとき，その分子における水素結合を考慮することはできません．このようなとき，x を抽象化して，例えば電気陰性度のような記述子を準備しておくことで，広く水素結合受容体の置換基をもつ分子の水素結合を考慮して，y を予測することができます．

ポリマー設計，特にコポリマー (共重合体) の設計をするとき，混合するモノマーの組成比を x の特徴量とすることで，モデルの逆解析により，それらのモノマーをどのような割合で混合させれば y が望ましい値になるかを検討できます．しかし，そのような x で構築されたモデルでは，トレーニングデータで使用されたモノマーの種類しか予測できません．トレーニングデータにあるモノマーの中で，それらをどのような割合で混合すればよいかは設計できますが，新たなモノマーを使用したときに y の値がどうなるかを全く予測できません．このようなとき，x を抽象化して，例えば前節のように，各モノマーの化学構造の記述子を計算し，モノマーの組成比で重み付き平均を計算することで，新たなモノマーを用いるときでも y の値を予測できるようになります．

無機材料を扱うとき，例えば用いられる金属元素の組成比を x の特徴量とすることで，各金属の割合と y の間の相関関係をモデル化でき，最適な無機材料

にするためにどのような割合で金属を混合すればよいかを検討できます．しかし，このようなモデルはトレーニングデータにある金属種の範囲内でしか y の予測ができず，トレーニングデータにない金属種が使用されている無機材料の予測ができません．このようなとき，x を抽象化して，例えば各金属元素の特徴量を準備して，その組成比で重み付き平均を計算して x とすることで，新たな金属種を用いるときでも y の値を予測できるようになります．

一つ注意点として，x を抽象化したからといって，必ずしもモデルの予測精度が向上するわけではありません．予測精度は向上するかもしれませんし，逆に低下するかもしれません．特徴量の抽象化度を上げることで，モデルの逆解析が可能なサンプルの候補数やその多様性は増えますが，モデルの予測精度も考慮しながら x を設計するとよいでしょう．

化学データ・化学工学データの前処理

　データ解析や機械学習の目的の一つに，予測精度の高い回帰モデルやクラス分類モデルを構築することや，構築したモデルを解釈することがあります．モデルの予測精度や解釈性を向上させるためには，モデルを構築する前に，適切にデータセットを前処理することが重要です．本章ではデータセットの前処理について解説します．

3.1　説明変数の標準化をするべきときと，するべきでないとき

　基本的にデータセットの可視化手法，クラスタリング手法，回帰分析手法，クラス分類手法などを実行する前に，目的変数 y や説明変数 x の標準化 (オートスケーリング)[13] を行います．特に，y や x の各変数の平均値が 0 であることを仮定している手法では標準化の中でもセンタリング (平均を 0 にする操作) は行う必要がありますし，サンプル間の距離 (多くの場合ユークリッド距離) に基づく手法では標準化の中でもスケーリング (標準偏差を 1 にする操作) は行う必要があります．

　平均値が 0 であることを仮定している手法は，主成分分析 (principal component analysis：PCA)[14] や最小二乗法による線形重回帰分析 (ordinary least squares：OLS)[15] や部分的最小二乗法 (partial least squares：PLS)[16] などです．例えば PCA では，主成分の分散が最大になるように主成分軸を決めます．分散は，それぞれの値から平均値を引いたものを二乗して足し合わせて，最後に (サンプル数 −1) で割ることで計算できますが，実際に PCA で行っていることは，主成分スコアの二乗和を最大化することです．主成分の分散の最大化と，主成分スコアの二乗和の最大化とが同意になるためには，主成分の平均値が 0 である必要があります．主成分の平均が 0 であれば，分散は主成分スコアの二乗和を (サンプル数 −1) で

割ったものになりますので，(サンプル数 −1) は最大化には関係なく，主成分の分散の最大化 = 主成分スコアの二乗和を最大化，となります．主成分は，x の線形結合 (ローディングが結合の重み) で表現されるため，すべての x の平均値が 0 であれば，主成分の平均値も 0 です．主成分の平均値を 0 にするため，x のセンタリングが必要になります．

x に，0, 1 のみで表現される変数 (ダミー変数) があるときでも，センタリングはしましょう．もちろん，0, 1 の変数における平均値は 1 の数の割合であり，その値を引くことに意味はないと考えるかもしれません．しかし主成分は，0, 1 に基づく変数の線形結合で表されます．元の変数は 0, 1 の変数であっても，主成分は連続的な変数であり，正規分布に従うかもしれません．そのときにも主成分の平均値が 0 になるように，元の変数が 0, 1 の変数であってもセンタリングを行いましょう．

なお PCA と同じ理由で，PLS を実行する前に x と y をセンタリングする必要があります．PCA では主成分の分散が最大になるように主成分軸を決めますが，PLS では主成分と y の共分散が最大になるように主成分軸を決めます．ただ実際に PLS で行っていることは，主成分と y の内積を最大化することです．主成分と y の分散の最大化と，主成分と y の内積の最大化とが同意になるため，主成分の平均値と y の平均値が 0 である必要がありますので，x も y もセンタリングするようにしましょう．

次にスケーリングです．x ごとに単位が異なるときはスケーリングも行いましょう．温度や長さや重さなど，また同じ長さでも km と mm など，様々な単位があるときには，x ごとにスケールが全く異なります．そのため，センタリングだけでなくスケーリングも行います．

単位がすべて同じのときでも，特別な理由がない限りはスケーリングを行います．すべての x の単位が温度だったり，すべての x がダミー変数だったりしても，基本的にはスケーリングを行ってください．PCA のアルゴリズムでは，分散の大きな x の主成分に対する影響が大きくなり，計算された主成分が，たまたま分散の大きかった x とほとんど同じ，といった状況になる危険があります．分散の大きな x も小さな x も，同じように考えてデータセット全体の様子を可視化できるようにするため，すべての x にスケーリングを行います．

逆に，x の分散の大きさに比例して，主成分に対する x の重みを大きくしたいときには，スケーリングは行いません．例えばスペクトル解析においては，あ

えてスケーリングを行わない場合もあります．ただ，著者の経験の中では，スケーリングを行わないほうがよいケースはほとんどありません．少しでも迷ったら，センタリングに加えてスケーリングも行いましょう．

例えば k 近傍法 (k-nearest neighor algorithm：k-NN)[17] や，ガウシアンカーネルを用いたサポートベクターマシン (suport vector machine：SVM)[18]，サポートベクター回帰 (suport vector regression：SVR)[19]，ガウス過程回帰 (Gaussian process regression：GPR)[20] などのように，サンプル間のユークリッド距離に基づく手法では，センタリングの有無は関係なく，スケーリングが重要になります．x の分散の大きさに比例して，距離に対する寄与が大きくなるため，特に理由のない限りは，x の距離に対する重みを等しくするため，スケーリングを行います．

ただし，決定木 (decision tree：DT)[21] においては，x の値が四則演算に用いられることはなく，x の値が何らかの閾値より大きいか小さいかのみが必要です．また回帰分析において，y の値は平均値の計算のみに用いられます．x や y の標準化をすることで，構築される DT におけるしきい値が標準化後のスケールの値になってしまうこともあり，一般的に DT モデルを構築するときは，x や y の標準化は行いません．さらに DT と同様にしてランダムフォレスト (random forests：RF)[22] においても，一般的に x や y の標準化は行いません．

3.2 標準偏差 (分散) が 0 の説明変数を削除してよいのか

回帰分析やクラス分類をするときの大きな流れは以下のとおりです．
① データセットをトレーニングデータとテストデータに分ける
② トレーニングデータを用いて説明変数 x と目的変数 y との間で回帰モデルやクラス分類モデル y = f(x) を構築する
③ テストデータの x の値をモデルに入力して y の値を推定する

②のモデル構築の前に，基本的に x を標準化 (オートスケーリング) します．標準化では標準偏差で x を割ることから，標準偏差が 0 では割ることができないため，事前に標準偏差もしくは分散が 0 の x を削除する必要があります．

標準偏差が 0 ということは，すべてのサンプルで x の値が同じ値ということです．その x の情報量は 0 であり，あってもなくても変わりません．回帰モデルやクラス分類モデルを構築するときには，そのような x を削除してしまって

問題なさそうです.

しかし, モデルの適用範囲 (AD)[23] を考えるとき, 少し話は異なってきます. サンプル間の類似度に基づいて AD を決めることを考えます. 例えば, トレーニングデータのサンプルとテストデータのサンプルとの類似度が高いとき, テストデータのそのサンプルは AD 内となり, 逆に類似度が低いときは AD 外となります.

類似度をユークリッド距離の逆数とします (ユークリッド距離が小さいとき類似度が高くなります). ただ距離の逆数でない別の類似度を考えてもらっても全く問題ありません. とにかく, トレーニングサンプルとテストサンプルとの間で距離を計算します.

今, x の数が 100 であり, トレーニングデータにおいて標準偏差が 0 の x が 30 あり, 残った x が 70 とします. それらの 70 変数をオートスケーリングした後に, 距離を計算することになります.

ここで大事なことは, 標準偏差が 0 になったのはトレーニングデータの中だけであって, テストデータまで含めて標準偏差が 0 になるとは限らない, ということです. 言い換えると, ある x についてトレーニングデータのサンプルの値がすべて 0 だったとしても, テストデータのサンプルの中に, 値が 0 でないサンプルが存在する可能性があります.

トレーニングデータのサンプルとテストデータのサンプルとの間で距離を求めるとき, 70 変数で計算したときと 100 変数で計算したときとで結果は異なります. そして, 100 変数で計算したほうが, トレーニングデータのサンプルと似ていないテストデータのサンプルを, AD 外と判定しやすくなります. トレーニングデータ内で値がすべて同じ x について, テストデータのサンプルにおいてその x が異なる値をとると, その分だけ距離が大きくなるためです. トレーニングデータのサンプルという, ある限られたサンプルの中で決められた, 少ない x で規定される小さい空間 (部分空間・低次元空間) では似ていると判断されてしまうサンプルでも, 他の x も加えた空間では, 似ていない可能性もあります. そのような AD 外のサンプルを検出できないのは問題です.

このように AD を考えるとき, トレーニングデータと似ていない新しいサンプルを, 適切に類似度は低いと判断するため, 事前に x を削除すべきでないことがわかります. ここでは標準偏差が 0 の x の話をしていますが, 何らかの変数選択手法 (第 4 章参照) により選択された x のみで回帰モデルやクラス分類モ

デルを構築するときも，AD について全く同じ問題が生じます．AD を考えるときは，選択される前のすべての x を用いたほうが，AD 外と判定できるサンプルが多くなる傾向があります．すべての x を用いて求める AD のことを，universal AD[24] と呼びます．

もちろん，x の削除前・選択前のすべての x で類似度 (上の例では距離の逆数) を計算するのが，適切なやり方であるとは限りません．削除されたり選択されなかったりした，モデル構築に使われなかった x と，モデル構築に使われた x とは，別に扱うほうがよいかもしれません．例えば，トレーニングデータで標準偏差が 0 になった x については，新しいサンプルでトレーニングデータと異なる値になったら，そのテストサンプルを問答無用に AD 外とする，といったことも考えられます．

AD を求めるとき，考えうるすべての x を用いているか，について確認していただけたらと思います．

3.3　対数変換やロジット変換による特徴量の非線形変換

回帰分析では，目的変数 y と説明変数 x との間で数理モデル y = f(x) を構築します．このとき y ではなく，それを対数変換した log(y) を用いることがあります．モデル log(y) = f(x) を構築し，モデルに x を入力して得られた予測値は逆に指数変換して (exp(log(y)) = y)，元の y に戻します．

このような y の対数変換は，基本的には対数変換したほうが，回帰モデルの構築がより妥当になるときに有効です．例えば，アレニウスの式における速度定数と温度の逆数の間の関係のように，x と y の間の関係が指数関数で表されると考えられるときに，対数変換することで直線的な関係になります．変換したほうが線形の回帰分析手法で対応できるようになり，AD が広がる可能性があるなど，望ましい結果になると考えられます．

アレニウスの式のような本来の y と x との間の関係の情報がないときには，対数変換のメリットとデメリットを考えて，対数変換をするかどうかを決めるとよいでしょう．対数変換の一般的なメリットとデメリットを以下にまとめます．

- メリット：y の値が小さいサンプルの誤差が小さくなる
- デメリット：y の値が大きいサンプルの誤差が大きくなる

もともと 0 付近の小さい y の値を対数変換することにより y の絶対値が比較的大きくなり，大きい y の値を対数変換することにより y の値が比較的小さくなります．回帰分析における誤差関数，例えば y の誤差の二乗和を考えたとき，サンプルの y の絶対値が比較的大きくなるということは，誤差関数に対する寄与が大きくなり，そのサンプルの誤差が小さくなる傾向があります．逆にサンプルの y の絶対値が小さくなるということは，誤差関数に対する寄与が小さくなり，そのサンプルの誤差が大きくなる傾向があります．

　まとめると，対数変換することで，もともと y の値が小さいサンプルの誤差を小さくできる一方，y の値の大きなサンプルの誤差が大きくなってしまう傾向があります．そのため，y の値がなるべく小さくなるようにサンプルを設計したいときは，積極的に対数変換をするとよいでしょう．逆に y の値がなるべく大きくなるようにサンプルを設計したいときは，対数変換することで不利になります．このあたりを考えて対数変換するかどうかを判断しましょう．

　続いて，例えばモル分率など，値が 0 から 1 の間にある y を用いて回帰分析をすることを考えます．このような y と x の間で回帰モデル y=f(x) を構築して，x の値から y の値を予測したとき，予測値が 0 より小さくなってしまったり，1 より大きくなってしまったりすることがあります．仕方がありませんので，0 より小さい値を強制的に 0 にしたり，1 より大きい値を強制的に 1 にしたりする必要があります．このような強制的な値の変更が適切でないと考えたとき，ロジット変換を利用できます．ロジット変換は，以下のように y を z という変数にする変換です．

$$z = \log\left(\frac{y}{1-y}\right) \tag{3.1}$$

　値が 0 から 1 の間の y が，マイナス無限大 $(-\infty)$ から無限大 (∞) までの z になります．

　この z を y の代わりにして，x との間で回帰モデル z=f(x) を構築します．このモデルを用いるとき，x の値をモデルに入力して得られるのは，z の予測値です．この z は，逆ロジット変換することで，y に戻すことができます．逆ロジット変換は，以下のように z を y にする変換です (式 (3.1) の数式変形です)．

$$y = \frac{\exp(z)}{1 + \exp(z)} \tag{3.2}$$

変換された y は，必ず 0 から 1 の間になります．

　ロジット変換を利用するときに注意することは，式 (3.1) より y が (厳密に) 0

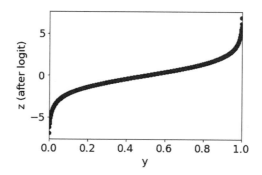

図 3.1 ロジット変換 (式 (3.1)) における y と z の関係

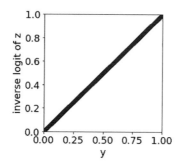

図 3.2 y と z を逆ロジット変換 (式 (3.2)) した変数の関係

もしくは 1 であるサンプルがあると，使用できないということです．例えば 0 を 0.001 に，1 を 0.999 に変更することが問題ないときなど，0 もしくは 1 のサンプルを適切に置き換えることができるときは，そのように変更してから，ロジット変換をするようにしましょう．

なお，例えば値が 0 から 100 の間にある変数は 100 で割ってからロジット変換するなど，元の変数を 0 から 1 に変換してからロジット変換することもできます．

ロジット変換における y と z の関係を図 3.1 に示します．y が 0.5 から離れるほど，z の絶対値が大きくなり，誤差に対する寄与が大きくなります．その結果，y が 0 に近いサンプルほど，y が 1 に近いサンプルほど，誤差が小さくなる傾向があります．0.5 付近の値をもつサンプルを精度よく予測したいときは注意しましょう．なお y と z を逆ロジット変換した変数の関係が図 3.2 です．z を逆ロジット変換することで元の y と等しいことを確認できます．

ロジット変換と逆ロジット変換のサンプルプログラム[6] が 03_03_logit.py です．サンプルプログラムは以下のとおりです．

```python
import matplotlib.figure as figure
import matplotlib.pyplot as plt
import numpy as np

values = np.arange(0.001, 1, 0.001, dtype=float)
logit = np.log(values / (1 - values))
inverse_logit = np.exp(logit) / (1 + np.exp(logit))
plt.rcParams['font.size'] = 18 # 横軸や縦軸の名前の文字などのフォントのサイズ
plt.scatter(values, logit, c='blue') # プロット
plt.xlabel('y') # x軸の名前
plt.ylabel('z (after logit)') # y軸の名前
plt.xlim(0, 1) # x軸の範囲の設定
plt.show() # 以上の設定で描画

plt.figure(figsize=figure.figaspect(1)) # 図を正方形に
plt.scatter(values, inverse_logit, c='blue') # プロット
plt.xlabel('y') # x軸の名前
plt.ylabel('inverse logit of z') # y軸の名前
plt.xlim(0, 1) # x軸の範囲の設定
plt.ylim(0, 1) # y軸の範囲の設定
plt.show() # 以上の設定で描画
```

サンプルプログラムでは，ロジット変換の様子を確認するため，0.001, 0.002, ..., 0.998, 0.999 の数値を生成して，ここでの y としています．その後 y を z に ロジット変換して図 3.1 のプロットを作成しています．さらに，z を逆ロジット 変換して，図 3.2 のプロットを作成しています．0 から 1 までの y を扱う際は， ぜひこのサンプルプログラムを参考にしてください．

3.4　スペクトル・時系列データの前処理の方法

スペクトル解析では，説明変数 x をスペクトルとして，目的変数 y の間で数 理モデル y = f(x) を構築して，そのモデルを活用します．例えば，水溶液を対象 として，近赤外スペクトル x と溶液濃度 y の間でモデルを構築したり，結晶材 料を対象にして，X 線回折スペクトル x と材料特性 y の間でモデルを構築した りします．なお x として，赤外スペクトル，ラマンスペクトルなどの他のスペ クトルも利用可能です．

スペクトル解析といっても，x がスペクトルの情報になっただけで，モデル構築方法はこれまでと同様です．ただ，スペクトルデータにはいくつか特徴があるため，その特徴を考慮することでモデルの推定性能を向上させることができます．スペクトルデータの特徴を以下にまとめました．

- スペクトルごとにベースラインが異なることがある
- あるスペクトルにおいて，波長 (もしくは波数) が近いと，強度 (もしくは吸光度) も近い値をとる
- スペクトルデータにはノイズが含まれる
- 強度や吸光度の極大値，つまりピーク以外のデータも，重要であることがある

以上の特徴を踏まえてスペクトルデータの前処理をすることが，スペクトル解析では一般的になっています．スペクトル解析におけるデータの前処理の中でも，平滑化 (smoothing) と微分を行うことで上記の特徴に対処できるため，本書では平滑化と微分に絞って説明します．

平滑化はスペクトルを均すことでノイズを低減する方法です．ただ平滑化しすぎて極大値もしくは極小値の情報が消えないように注意する必要があります．微分はスペクトルの傾きを計算することで，ベースラインを補正したりスペクトルから新しい情報を抽出したりする方法です．一次微分，二次微分などがあります．ただ，微分するとノイズが大きくなるため注意が必要です．

平滑化で最も単純な方法は単純移動平均です．あるスペクトルにおけるある波長の強度の値を平滑化したい場合，その波長の前後何点かにおける強度の値の平均値を，平滑化後の値にします．前後 m 点ずつを考慮するとき，自分 (平滑化する強度の波長) を入れた合計 $(2m + 1)$ 点で，強度の平均値を計算します．この $(2m + 1)$ を窓枠と呼びます．波長ごとに $(2m + 1)$ 点の強度の平均値を計算することで，スペクトル全体で平滑化が達成されます．端の波長に関しては $(2m + 1)$ 点もない (前で m 点もとれなかったり，後で m 点もとれなかったり) こともあるため，これらの波長を削除したり，とれるだけの強度の値を用いて平均値を計算して平滑化したりします．単純移動平均では，ある窓枠の平均値が新たな値になることから，極大値の情報が失われやすいため注意が必要です．

極大値の情報を保持するため，ある波長の前後 m 点の強度について，平滑化の対象の波長から離れるにつれて直線的に小さくなる重みを用いた加重平均の値を，平滑化後の値にすることもあります．これを線形加重移動平均と呼びま

す．ある波長 i における強度を x_i とし，平滑化後の値を $x_{S,i}$ とすると，以下の式で表されます．

$x_{S,i}$

$$= \frac{x_{i-m} + 2x_{i-m+1} + \cdots + (m-1)x_{i-1} + mx_i + (m-1)x_{i+1} + \cdots + 2x_{i+m-1} + x_{i+m}}{1 + 2 + \cdots + (m-1) + m + (m-1) + \cdots + 2 + 1}$$

(3.3)

線形加重移動平均のような線形に小さくなる重みではなく，指数関数的に小さくなる重みを用いるのが指数加重移動平均です．平滑化後の値 $x_{S,i}$ は以下の式で表されます．

$$x_{S,i} = \frac{\cdots + \alpha^2 x_{i-2} + \alpha x_{i-1} + x_i + \alpha x_{i+1} + \alpha^2 x_{i+2} + \cdots}{\cdots + \alpha^2 + \alpha + 1 + \alpha + \alpha^2 + \cdots}$$

(3.4)

ここで α は平滑化係数です．対象の波長から離れるにつれて，指数関数的に重みが小さくなります．波長からある程度離れると，重みはほぼ0になるため，窓枠をある程度大きくしておけば，具体的な窓枠の数は気にしなくてよいでしょう．

以上のような単純移動平均や線形加重移動平均や指数加重移動平均によって平滑化した後に，隣の波長における値との差分をとることで，一次微分の値となります．さらに，一次微分の値について隣の波長における値との差分をとることで，二次微分の値になります．これを繰り返すことで，より高次な微分の値を計算できます．

スペクトルの平滑化と微分とを同時に行う方法もあります．その方法の一つが，Savitzky-Golay (SG) 法[25] です．SG 法では，ある窓枠のデータを多項式で近似して多項式の計算値を平滑化後の値とし，その多項式の微分係数を微分後の値とします．SG 法の概要を図 3.3 に示します．ある波長において，前後いくつかのサンプル (窓枠) を用いて，強度 x を波長 t の多項式で近似します．例えば二次の多項式であれば以下の式になります．

$$X = a_2 t^2 + a_1 t + a_0$$

(3.5)

上の式における a_2，a_1，a_0 を，窓枠のサンプルを用いて，OLS[15] により求めます (x を目的変数，t^2 と t を説明変数としたとき，a_2, a_1 は回帰係数，a_0 は定数項に対応します)．この式に対象の波長 t の値を代入して計算された x の値が平滑後の値となります．さらに，式 (3.5) を t で微分してから対象の波長 t の値

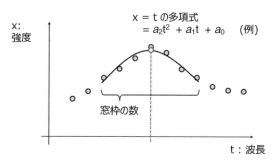

x: 強度

x = t の多項式
= $a_2t^2 + a_1t + a_0$　（例）

窓枠の数

t : 波長

図 3.3　SG 法の概念図

を代入して計算される値が，一次微分後の値です．二次微分以降も同様に計算します．SG 法では多項式の次数や窓枠の数を事前に決める必要があります．

　単純移動平均や線形加重移動平均や指数加重移動平均における窓枠の数や平滑化係数，SG 法における多項式の次数や窓枠の数，そして微分次数といったハイパーパラメータを決定する方法の一つに，クロスバリデーション (cross-validation：CV)[26] による方法があります．ハイパーパラメータの値 (もしくはその組み合わせ) ごとに，CV を行い，CV 後の予測結果 (例えば決定係数 r^2 や RMSE) が最良となるようなパラメータの値を選択します．

　ほかにノイズを低減する方法として，波長選択もしくは波数選択があります．y と関係のない波長や波数を削除することで，モデル構築時に考慮されてしまうノイズを低減することができます．波長選択・波数選択については第 4 章をご覧ください．

　SG 法のサンプルプログラム[6] は 03_04_sg.py です．サンプルデータセットとして Shootout 2012 のデータセット sample_spectra_dataset.csv[27] を使用します．これは医薬品の錠剤の NIR スペクトル (ABB Bomem FT-NIR model MB-160) であり，372 変数 (952.42, 953.12, . . . , 1309.33 nm) あります．ラボスケールの装置で製造された 89 サンプル，パイロットスケールの装置で製造された72 サンプル，実スケールの装置で製造された 67 サンプルの合計 228 サンプルです．

　サンプルプログラムでは，window_length，polyorder，deriv でそれぞれ，SG 法における窓枠の数，多項式の次数，微分次数を設定できます．deriv = 0 は微分をしないことを意味します．実行すると，SG 法で前処理した後に，結果を preprocessed_sample_spectra_dataset_w[窓枠の数]_p[多項式の

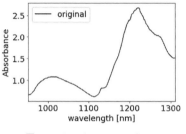

図 3.4 オリジナルのスペクトル

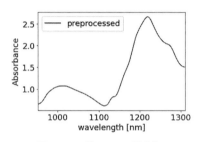

図 3.5 SG 法による平滑化後の
スペクトル (微分なし)

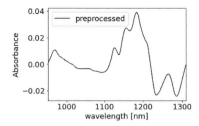

図 3.6 SG 法による平滑化後の
スペクトル (一次微分)

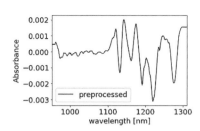

図 3.7 SG 法による平滑化後の
スペクトル (二次微分)

次数]_d[微分次数].csv という名前の csv ファイルに保存します.

　plot_spectra_number では,スペクトルの中で表示するスペクトルのサンプル番号を指定できます.図 3.4 のようなオリジナルのスペクトルに続いて,前処理したスペクトルの図が生成されます.図 3.5,図 3.6,図 3.7 に,それぞれ微分なし,一次微分,二次微分のスペクトルを示します.図 3.5 のスペクトルは,図 3.4 のスペクトルと比べて滑らかになっていることを確認できます.また図 3.6,図 3.7 のスペクトルは,それぞれ一次微分,二次微分することで,図 3.4 や図 3.5 のスペクトルと比べてピークの位置が変化していることがわかります.これらのスペクトルを用いることで,微分前のスペクトルとは異なる情報が抽出されると期待できます.

　サンプルデータセットと同様に x を整理したデータセットを csv ファイルとして準備し,そのファイル名をサンプルプログラム中の 'sample_spectra_da♪taset.csv' と置き換えることで,ご自身のデータセットでも SG 法によりスペクトルの前処理ができます.ぜひご活用ください.

3.5 外れ値検出もしくは外れサンプル検出

外れ値検出 (outlier detection) もしくは外れサンプル検出 (outlier sample detection) についてです．ある特徴量において他のサンプルにおける値と大きく異なる値を検出したり，複数の特徴量のあるデータセット内において他のサンプルと大きく異なるサンプルを検出したりします．もちろんサンプルにはばらつきがありますが，サンプルの値が他のサンプルの値と比較してばらついている，もしくは外れていると考えられる点を外れ値とします．

外れ値を検出する一つの方法は 3σ (スリーシグマ) 法です．3σ 法は，特徴量ごとのデータ分布が正規分布に従うことを仮定して，ある一つの特徴量のサンプルの値が与えられているとき，その平均値から標準偏差 (σ) の 3 倍以上離れている値を外れ値とします．図 3.8 に 3σ 法で外れ値を検出した例を示します．ここでは，正規分布に従う値を乱数で発生させ，意図的に 4 つの外れ値を混ぜて (図 3.8 のアスタリスク*)，一つの特徴量としました．3σ 法で外れ値検出を行ったところ，4 つの外れ値のうち，2 つを検出できました．なお 3σ 法は説明変数 x の特徴量にも目的変数 y の特徴量にも使用できます．

3σ 法の問題点の一つは，外れ値を含む特徴量で平均値や標準偏差が計算され，平均値や標準偏差が外れ値の影響を受けてしまうことです．実際，図 3.8 の例では，外れ値の影響を受けて標準偏差が大きくなってしまい，2 つしか外れ値を検出できませんでした．3σ 法では特徴量ごとのデータ分布が正規分布に従うことを仮定しており，実際のデータ分布が正規分布から外れるとき，平均値や標準偏差では外れ値を適切に扱えません．

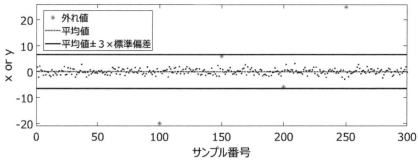

図 3.8 3σ 法による外れ値検出の例

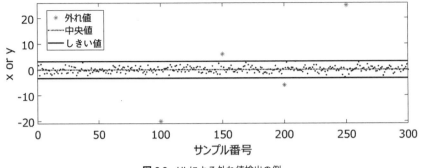

図 3.9 HI による外れ値検出の例

Hampel identifier (HI) は，3σ 法の問題である平均値や標準偏差が外れ値の影響を受けることに対処するための外れ値検出手法です．平均値の代わりに中央値，標準偏差の代わりに中央絶対偏差の 1.4826 倍を用いることで，外れ値の影響を受けにくくしています．なお 1.4826 は，外れ値のない正規分布に従う特徴量のときに標準偏差と等しくなるよう補正するための係数です．HI でも 3σ 法と同様にして，特徴量ごとのデータ分布が正規分布に従うことを仮定しています．

図 3.9 に HI で外れ値を検出した例を示します．用いたデータは図 3.8 と同じデータです．HI で外れ値検出を行ったところ，3σ 法では検出できなかった 2 つの外れ値を含めて，すべての外れ値を検出できました．なお HI も 3σ 法と同様に，x の特徴量にも y の特徴量にも使用できます．

一般的なサンプルでは，基本的に前後のサンプル間の関係はありませんが，時系列データのように，時間の順番で並んでいる場合は前後のサンプル間に相関関係があります．例えば温度では，ある時刻の温度と，次の時刻の温度は類似しています．このような前後のサンプル間の関係を考慮することで，より適切に外れ値検出をできることがあります．

そのような前後のサンプル間の関係を考慮する方法の一つに，3.4 節の平滑化を活用する方法があります．具体的には，実際の特徴量と，スムージング後の特徴量の間で差をとり，その差に対して 3σ 法や HI で外れ値を検出します．これにより特徴量の時間変化を考慮した外れ値検出が可能となります．なお x の特徴量にも y の特徴量にも使用できます．

図 3.10 に平滑化手法として SG 法を用いて，その後 HI で外れ値を検出した例を示します．図 3.10(a) が図 3.8 と同じデータを用いた結果であり，図 3.10(b) が時系列データのように時間的に前後のサンプル間に関係があるように (サイ

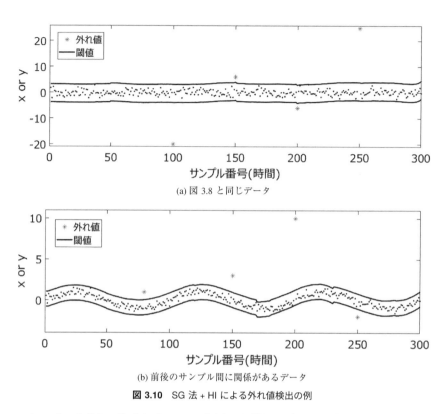

(a) 図 3.8 と同じデータ

(b) 前後のサンプル間に関係があるデータ

図 3.10 SG 法 + HI による外れ値検出の例

ンカーブのように) 生成したデータを用いた結果です．SG 法 + HI により，どちらの場合でも適切にすべての外れ値を検出できることを確認できます．なお SG 法 + HI も 3σ 法と同様に，x の特徴量にも y の特徴量にも使用できます．

3σ 法，HI，SG 法 + HI による外れ値検出のサンプルプログラム[6] は 03_05_outⁿ lier.py です．サンプルプログラムでは，外れ値を意図的に入れた仮想サンプルを生成して図示した後に，そのデータセットに対して 3σ 法，HI，SG 法 + HI それぞれにより外れ値検出を行い，外れ値を検出するためのしきい値を図示します．type_of_samples で仮想サンプルの種類を設定できます．type_of_samples を 0 とすると正規乱数に基づいた仮想サンプルを生成し，type_of_samples を 1 とすると時間的に前後のサンプル間に関係があるような仮想サンプルを生成します．window_length, polyorder でそれぞれ，SG 法における窓枠の数，多項式の次数を設定できます．生成する仮想サンプルを変えながら実行し，3σ 法，HI，SG 法 + HI それぞれによる外れ値検出の結果を確認しましょう．

以上の3σ法，HI，SG法＋HIによる外れ値検出は，一つの特徴量に対して外れ値検出をする方法です．複数の特徴量があるときは，特徴量ごとに外れ値を検出することになります．ただこの方法では，複数の特徴量を同時に考慮した外れ値検出ができません．

複数の特徴量を同時に用いる方法の一つに，データ密度による外れ値検出があります．各サンプルのデータ密度を計算して，データ密度の低いサンプルを外れサンプルとして検出する方法です．データ密度を計算する具体的な手法としては，

k近傍法 (k-nearest neighbor algorithm：k-NN) や one-class support vector machine (OCSVM) があります．それぞれ著者の前著[1]に具体的な説明と実行するためのPythonのサンプルプログラムがあります．参考にしてください．

k-NN では，k 個の距離の平均値が大きいほどデータ密度が低いことから，k 個の距離の平均値が大きいサンプルを外れ値とみなします．OCSVM では，モデルの出力値が小さいほどデータ密度が低いことから，モデルの出力値が小さいサンプルを外れ値とみなします．k-NN および OCSVM について，前著[1] では AD を設定する手法として説明しています．AD 外のサンプルを外れサンプルととらえることで，k-NN における k 個の距離の平均値や OCSVM におけるモデルの出力値にしきい値を設定する際の参考になります．

3.6　回帰分析のときに外れサンプルを検出する手法

前節に引き続いて外れサンプル検出です．ただここでは，データ分布から外れた値を検出するのではなく，他のサンプルとは大きく異なるサンプルを検出します．前節でも，k-NN などの外れサンプル検出手法の説明をしましたが，ここでは特に回帰分析をするときに特化した外れサンプル検出手法について説明します．前節で解説した手法 (例えば k -NN) は説明変数 x における外れサンプルを検出する手法ですが，今回の手法は x に加えて目的変数 y があるときに，x と y の間の関係が他のサンプルと異なるサンプルを検出します．

回帰分析において大事なことは，x と y との関係です．y のデータの中に外れ値があっても，x のデータの中にも外れ値があっても，x と y との関係において それらの外れ値を含めて一貫性があれば，全く問題ありません．問題なの

は, 他のサンプルと x と y との関係が異なる, 外れたサンプルです. このサンプルのことを本節では外れサンプルと呼びます.

例えば x と y の間で回帰分析して, 誤差の小さいサンプルを外れサンプルとして検出する方法では, 適切に外れサンプルを検出することができません. 回帰分析では, y の誤差を小さくするように回帰モデルが構築されるため, モデルがトレーニングデータにオーバーフィットしてしまい, たとえ外れサンプルが存在していたとしても, 例えば x に含まれるノイズでそのサンプルの誤差を小さくするように学習される可能性があります. これでは外れサンプルを検出できません. このことはこちらの論文[28] の中でも確認されています.

そこでアンサンブル学習を活用します. 一つのモデルだけ構築するのではなく, たくさんのモデルを構築します. これらのモデルに x の値を入力すると, 一つのサンプルあたり, たくさんの y の予測値が得られるため, y の平均値と標準偏差を計算できます. y の予測結果を正規分布にできます. この正規分布に基づいて, y の実測値が分布から外れたときに外れサンプルとみなします.

実際は, 平均値と標準偏差ではなく, 代わりにそれぞれ中央値と中央絶対偏差といった, ロバストな (頑健な) 統計量を用いています. 以下の手順で, 外れサンプルを検出します.

① すべてのサンプルは外れサンプルではないとする

② 外れサンプル以外のサンプルで, サンプルをブートストラップ法でサンプリングするアンサンブル学習で, 複数の回帰モデル (サブモデル) を構築する

③ 外れサンプル以外のすべてのサンプルを用いて, すべてのサブモデルの推定値で中央絶対偏差を計算する (中央絶対偏差は 1 つの値になります)

④ すべてのサンプルにおいて, 目的変数の値を推定する. このとき推定値は, すべてのサブモデルにおける推定値の中央値とする

⑤ すべてのサンプルにおいて, 目的変数の実測値と推定値との間の誤差の絶対値が, ③の中央絶対偏差の 3×1.4826 倍を超えたとき, そのサンプルを外れサンプルとする

⑥ ②から⑤を繰り返し, 外れサンプルが変わらなくなったら終了とする

以上の流れによって, あるデータセットが与えられたとき, 他のサンプルと x と y との間の関係が異なるサンプルを, 外れサンプルとして検出できます. この手法を ensemble learning outlier sample detection (ELO) と呼びます. なお, ⑤に

おける 1.4826 という値は，正規分布においては中央絶対偏差の 1.4826 倍が標準偏差に等しいことに由来し，3 という値は 3σ 法 (3.5 節参照) の 3 に由来します．こちらの論文[28] では，②におけるアンサンブル学習におけるサブモデルの数を 100 としています．

サンプルプログラムは DCEKit[12] の demo_elo_pls.py です．回帰分析手法として PLS を用いています．サンプルプログラムでは以下の設定ができます．

- number_of_submodels：ELO におけるサブモデルの数
- max_iteration_number：繰り返し回数
- fold_number：CV の分割数
- max_pls_component_number：PLS における最大成分数

実行すると，外れサンプルが TRUE，外れサンプルではないサンプルが FALSE となるファイル outlier_sample_detection_results.csv が保存されます．サンプルプログラムでは回帰分析手法として PLS を使用していますが，PLS 以外の回帰分析手法を用いて GridSearchCV() 関数で cv_regressor を設定すれば，他の回帰分析手法にも対応しています．またサンプルプログラムでは，numerical_simulation_data.csv というファイルにあるサンプルデータセットを用いていますが，numerical_simulation_data.csv と同様に y と x を整理したデータセットを csv ファイルとして準備し，そのファイル名をサンプルプログラム中の 'numerical_simulation_data.csv' と置き換えることで，ご自身のデータセットでも ELO を実行できます．ぜひご活用ください．

 3.7 欠損値 (欠損データ) の補完

図 3.11 のような欠損値 (欠損データ) のあるデータセットがあるとします．いわゆる穴あきのデータセットです．例えば，あるサンプルにおいて測定値がなかったり，3.5 節で外れ値を検出した後だったりする状況です．本節ではそのような欠損値を補完する方法を紹介します．つまり図 3.11 を図 3.12 のようにできます．

最も単純な方法は，欠損値を同じ特徴量の平均値で補完する方法です．ただ，この方法では 1 つの特徴量の情報しか用いておらず，同じ特徴量の欠損値はすべて同じ値で補完されてしまい，適切ではありません．他の特徴量の情報も用

	sepal_length	sepal_width	petal_length	petal_width
sample_1	5.1	3.5	1.4	0.2
sample_2		3	1.4	0.2
sample_3	4.7	3.2	1.3	0.2
sample_4				0.2
sample_5	5	3.6	1.4	0.2
sample_6	5.4		1.7	0.4
sample_7	4.6	3.4	1.4	0.3
sample_8	5	3.4	1.5	0.2
sample_9	4.4	2.9	1.4	0.2
sample_10	4.9		1.5	
sample_11	5.4	3.7	1.5	0.2
sample_12	4.8	3.4	1.6	0.2
sample_13	4.8	3	1.4	0.1
sample_14	4.3	3		0.1
sample_15	5.8	4	1.2	0.2

図 3.11 欠損値 (欠損データ) のあるデータセット (穴あきのデータセット)

	sepal_length	sepal_width	petal_length	petal_width
sample_1	5.1	3.5	1.4	0.2
sample_2	4.625078165	3	1.4	0.2
sample_3	4.7	3.2	1.3	0.2
sample_4	4.977357054	3.389313546	1.442774342	0.2
sample_5	5	3.6	1.4	0.2
sample_6	5.4	3.855296439	1.7	0.4
sample_7	4.6	3.4	1.4	0.3
sample_8	5	3.4	1.5	0.2
sample_9	4.4	2.9	1.4	0.2
sample_10	4.9	3.324847226	1.5	0.2
sample_11	5.4	3.7	1.5	0.2
sample_12	4.8	3.4	1.6	0.2
sample_13	4.8	3	1.4	0.1
sample_14	4.3	3	1.320452681	0.1
sample_15	5.8	4	1.2	0.2

図 3.12 補完後のデータセット

いて欠損値を推定して補完したほうが，適切な値になりそうです．

そこで，ランダムフォレスト (RF) を用いた方法[29]や，生成モデルを用いた方法[30,31]などが開発されました．RF の方法には，R のパッケージ[32]や Python のパッケージ[33]があります．

本節では，Gaussian mixture regression (GMR)[34]を繰り返し用いて欠損値を補完する方法を紹介します．GMR は DCEKit に含まれており，それを活用することで iGMR を実現できます (後ほど Python コードを紹介します)．繰り返し GMR を用いるため，本手法を iterative Gaussian mixture regression (iGMR) と呼びます．

GMM[35]により，すべての特徴量の間の同時確率分布が得られるため，欠損値を含むサンプルにおいて，欠損値でない特徴量の値から GMR で欠損値を推定できます．iGMR の流れは以下のとおりです．

① 元のデータセットを D とする

② D における欠損値の場所を M とする

③ D の中で，欠損値のないサンプルのみ選択し，x とする

④ x を用いて GMM モデルを構築する

⑤ 構築した GMM により，D の欠損値を含む各サンプルにおいて，M 以外の特徴量の値を用いて GMR で M の値を推定する

⑥ M の推定値で D を更新し，x とする

⑦ 繰り返し回数の上限になるまで，④から⑥を繰り返す

サンプルプログラムは DCEKit[12]の `demo_gmr_with_interpolation.py` です．サンプルプログラムでは，`iterations`，`max_number_of_components`，`covariance_types` でそれぞれ，iGMR の繰り返し回数，混合正規分布の最大数，分散共分散行列の種類の候補を設定できます．実行すると，欠損値が補完されて，`interpolated_dataset.csv` というファイルに保存されます．なおサンプルプログラムでは，サンプルデータセットとしてあやめのデータセット[36]に欠損値を設定したデータセット `iris_with_nan.csv` を使用していますが，`numerical_simulation_data.csv` と同様に特徴量を整理したデータセットを csv ファイルとして準備し，そのファイル名をサンプルプログラム中の‘iris_with_nan.csv’と置き換えることで，ご自身のデータセットでも iGMR で欠損値の補完ができます．データセットには y があってもなくても構いません．y があり，そこに欠損値もあれば，いわゆる回帰分析と同じになります．ぜひご活用ください．

特徴量選択 (変数選択)

　特徴量選択 (変数選択) の目的は，主に 2 つあります．一つは回帰モデルやク
ラス分類モデルの解釈をしやすくすることです．小さい数の，重要な特徴量の
み選択できれば，その特徴量と目的変数 y との間で構築された回帰モデルやク
ラス分類モデルを解釈することが，選択前と比較して容易になります．もう一
つの目的は，回帰モデルやクラス分類モデルの予測精度を向上させることです．
y と関係のある特徴量のみ用いることができれば，y と関係のない特徴量がノイ
ズとして作用してモデルの予測精度を低下させることを防げます．ただし，2 つ
目の目的であるモデルの予測精度を向上させることは，テストデータの予測精
度，例えば r^2 や正解率を上げることと一致しませんのでご注意ください．以上
の特徴量選択の目的を念頭に置きながら本章をお読みいただけますと幸いです．

4.1　特徴量選択 (変数選択) をするときに注意すること

　特徴量選択 (変数選択) の手法は本当にたくさんあり，数え上げればキリがあ
りません．簡単なところでいえば，同じ値をもつサンプルの割合が大きい特徴
量を削除する手法 (4.2 節) や，相関係数の絶対値が大きい特徴量の組の一つを
削除する手法 (4.3 節)，回帰モデルを構築して評価する際の指標 (r^2 など) が大
きく (もしくは小さく) なるように特徴量を選択する手法 (4.5 節) や，乱数の特
徴量のような目的変数 y と関係ない特徴量を削除する手法 (4.8 節) などです．
　その中で，モデルの予測精度を高められる特徴量選択，と謳っている手法は
とても魅力的です．しかし，特徴量選択で高めることのできるモデルの予測精
度とは何か，把握しておく必要があります．ここでのモデルの予測精度とは，
広い意味での内部検証 (内部バリデーション) の結果としての予測精度を意味し
ます．例えば，stepwise 法[37] や genetic algorithm-based partial least squares (GAPLS)

法[38] や genetic algorithm-based support vector regression (GASVR) 法[38] といった特徴量選択の手法において，クロスバリデーション (CV) における予測結果がよくなるように特徴量を選択することがあります．これにより，すべての特徴量を用いたときよりも，CV 後の r^2 が高くなることが多いです．この特徴量選択では，CV における予測結果をモデルの予測精度といっています．しかし，CV における予測結果が向上したからといって，必ずしも新しいサンプルに対する精度が高くなるわけではありません．CV の結果に，特徴量セットがオーバーフィットしている可能性があります．

　では，CV ではなく，別途 (外部) バリデーションデータを準備して，その予測結果がよくなるように，例えばバリデーションデータの r^2 の値が大きくなるように，特徴量を選択すればよいのでしょうか．この場合，バリデーションデータに特徴量セットがオーバーフィットする危険が高まるだけで，本質的な解決にはなっていません．そもそも CV は，外部バリデーションを繰り返すことです．バリデーションデータやテストデータを用いたとしても，それらのデータは，もともとは最初のデータセットにあるものです．モデルの目的としては，最初のデータセットにおけるサンプルの y の値を精度よく予測することではなく，新しいサンプルにおける y の値を精度よく予測することです．バリデーションデータやテストデータを精度よく予測できるように特徴量を選択できたとしても，それ以外のサンプルを予測できるかどうかは，また別の話です．特徴量選択では，自由度が非常に高いため，バリデーションデータやテストデータにオーバーフィットする可能性が高いのです．特徴量選択において向上できるモデルの予測精度とは，今あるデータセットで計算できる予測精度であり，広い意味での内部バリデーションにおける予測精度といえます．

　CV でも外部バリデーションデータを用いた検証でも，モデルの検証に使用するべきであり，モデルの最適化のための指標としては用いるべきではありません．基本的に，データセットにおける特徴量の数は大きいことが多いです．そのような非常に自由度の高い中で，特徴量セットを最適化することになるため，最適化に用いたサンプルに，特徴量セットがオーバーフィットする可能性が高くなってしまいます．特にサンプル数が小さいときには，とても注意が必要です．

　モデルの予測精度が向上するように特徴量を選択しようとしても，結局は今あるデータセットに適合するような特徴量が選択されてしまうことが，少なか

らずあります．対処法としては，例えば CV の fold 数 (分割数) を小さくしたり，バリデーションデータのサンプル数を大きくしたりすることが考えられます．また，例えば部分的最小二乗法 (PLS) の最適成分数の上限値を小さくするなど，モデル構築手法における自由度を小さくするのも一つの手です．波長選択をするときや，時系列データにおける時間遅れを選択するときには，選択する領域の数を小さくすることもよいでしょう．ただし，何らかの指標の値を最適化する特徴量選択においてその指標の値を計算するデータセットに結果がオーバーフィットすることの根本的な解決にはなりませんので注意が必要です．

　一方で，今あるデータセットを用いて y を説明するために不要な特徴量がわかれば，そのような特徴量はモデル構築のときにノイズとして作用するため，あらかじめ削除するほうが望ましいです．今あるデータセットでは不要な特徴量ですが，データセットが増えたときに重要な特徴量となる可能性はもちろんあります．しかし，今のデータセットでモデルを構築するわけであり，特徴量選択する前でもした後でも，その特徴量の y への寄与を検討することはできません．ただ，データセットが変わったときに，あらためて特徴量選択することは重要です．

　もちろん，不要な特徴量を見つけることも難しいです．一つの特徴量だけでは y と関係がなさそうに見えても，複数の説明で y に関係している可能性もあります．また，特徴量が不要かどうかは確率的な問題です．100% 不要・100% 必要のように判断できるものではなく，例えば95% の確率で不要，といったように与えられるため，一意的に特徴量を削除することは難しいです．

　特徴量選択は，以上のような問題があることを考えながら行うとよいでしょう．モデルの予測精度を高める方針の特徴量選択手法を用いるときは，今あるデータセットに特徴量セットがオーバーフィットしないよう工夫して用いるようにします．ただ，どんな工夫をしても，オーバーフィッティングを避けられないこともあります．そのため，選択された特徴量のみを用いて構築されるモデルは，オーバーフィッティングしていること前提として，アンサンブル学習でそれを軽減することがあります．例えば GAPLS や GASVR を複数回計算することで，特徴量選択の手法で選択された特徴量セットを複数準備しておき，それぞれで回帰モデルを構築してアンサンブル学習します．

　他の方針の特徴量選択手法を用いることもよいでしょう．例えば y の情報を使わずに，特徴量を選択する (自由度を減らす) ことは有効です．同じ値をもつ

サンプルの割合が大きい特徴量を削除したり，相関係数の絶対値が大きい特徴量の組の一つを削除したりします．y の情報を使わない，ということが重要です．y を用いると，トレーニングデータであれバリデーションデータであれ，用いる y のデータにオーバーフィットする危険が出てきてしまいます．

特徴量選択を行うときは，以上のことを考えながら実施するとよいでしょう．

 ## 4.2　同じ値を多くもつ特徴量の削除

説明変数 x の中で，分散が 0，つまりすべてのサンプルで同じ値をもつ特徴量は，意味がありません．さらに，分散が 0 であれば標準偏差も 0 であるため，特徴量の標準化 (オートスケーリング) では 0 で割ることになってしまい標準化ができません．そこで，分散が 0 の特徴量はあらかじめ削除します．

クロスバリデーション (CV) を行うときに，データセットのサンプルをいくつかのグループに分割して，その中の一部のサンプルだけ用いることで分散が 0 の特徴量が出ることもよくありません．そこで，同じ値を多くもつ特徴量も削除するとよいです．例えば，5-fold CV を行うときには，4/5 = 0.8 であるため，80% 以上のサンプルが同じ値である特徴量を削除するとよいでしょう．

同じ値を多くもつということは，分散の値が小さい，ということではないため注意しましょう．分散の小さい，たとえば 0.01 未満の特徴量を削除してしまうと，すべて小さい値でばらつきは小さいが重要な特徴量を削除してしまう危険性があります．

また，1 つのサンプルの値が 1 で，他のサンプルの値がすべて 0 のような特徴量について，ノイズで 1 になった特徴量のときは，回帰モデルやクラス分類モデルがオーバーフィットしてしまうため特徴量を削除すべきです．しかし，その特徴量で 1 をとるサンプルが目的変数 y に対して意味をもつときもあるため，注意が必要です．ベンゼン環をもつ分子が 1 つだけあり，y が毒性の有無で，ベンゼン環によって毒性が発生するときのベンゼン環の数といった特徴量などです．このような特徴量が存在する可能性があるときは，特徴量を削除しないときと削除するときとで，両方モデルを構築して，それらのモデルの予測精度を比較するとよいでしょう．

特徴量を削除する際はモデルの適用範囲 (AD，第 9 章参照) の設定に注意を

しましょう．モデル構築用のデータセットにおいて，例えばすべてのサンプル
で値が同じであり削除された特徴量に関して，新しいサンプルでその特徴量が
別の値をもつとき，そのサンプルは AD 外になる可能性が高くなりますが，モ
デル構築用のデータセットから特徴量が削除されているため，AD の指標の値
には影響しません．AD を考えるときには，事前に削除された特徴量の値も考
慮するとよいでしょう．

　同じ値をもつサンプルの割合で特徴量を削除するサンプルプログラム[6] は
04_02_rate_of_same_value.py です．サンプルプログラムは以下のとおり
です．

```python
import numpy as np
import pandas as pd
# 設定 ここから
threshold_of_rate_of_same_value = 0.8 # 同じ値をもつサンプルの割合で特徴量を削除 ♪
    するためのしきい値
# 設定 ここまで

dataset = pd.read_csv('descriptors_with_logS.csv', index_col=0) # データセットの ♪
    読み込み

y = dataset.iloc[:, 0] # 目的変数
x = dataset.iloc[:, 1:] # 説明変数

print('最初の特徴量の数 :', x.shape[1])
# 同じ値の割合が，threshold_of_rate_of_same_value以上の特徴量を削除
rate_of_same_value = []
for x_variable_name in x.columns:
    same_value_number = x[x_variable_name].value_counts()

rate_of_same_value.append(float(same_value_number[same_value_number.index[0]] / ♪
    x.shape[0]))
deleting_variable_numbers = np.where(np.array(rate_of_same_value) >= threshold_ ♪
    of_rate_of_same_value)[0]
x_selected = x.drop(x.columns[deleting_variable_numbers], axis=1)
print('削除後の特徴量の数 :', x_selected.shape[1])

x_selected.to_csv('x_selected_same_value.csv') # 保存
```

　サンプルプログラムでは，threshold_of_rate_of_same_value で同じ値
をもつサンプルの割合で特徴量を削除するためのしきい値を設定できます．サ
ンプルデータセットは descriptors_with_logS.csv であり，一番左の列が

y，それ以外が x です．実行すると，y と x に分けた後に，同じ値をもつサンプルの割合が `threshold_of_rate_of_same_value` 以上の特徴量が x から削除され，`x_selected_same_value.csv` というファイルに保存されます．「最初の説明変数の数」と「削除後の説明変数の数」を確認し，特徴量が削除されていることを確認しましょう．サンプルデータセットと同様に y, x を整理したデータセットを csv ファイルとして準備し，そのファイル名をサンプルプログラム中の '`descriptors_with_logS.csv`' と置き換えることで，ご自身のデータセットでも同じ値をもつサンプルの割合の大きい特徴量を削除できます．ぜひご活用ください．

4.3 相関係数で特徴量選択

　説明変数 x における ある 2 つの特徴量において，相関係数の絶対値が大きいとき，それらの特徴量は似ています．似ているのであれば，どちらも目的変数 y に対して同じような関係をもつと考えられ，どちらか一つあれば，もう一方はなくてもよさそうです．特徴量にノイズが含まれている場合，余計な特徴量があるとそのノイズが回帰モデルやクラス分類モデルに悪影響を及ぼすため，どちらか一つの特徴量を削除することを考えます．

　例えば，主成分分析 (PCA) や PLS[16] をすれば，x から互いに無相関な主成分に変換できるため，いわゆる多重共線性 (multicollinearity，マルチコ) に対処することは可能です．しかし，特にサンプルが少ないときなど，chance correlation (偶然の相関) の問題 (8.10 節参照) もあるため，事前に x の数を減らせるなら，そのほうが望ましいといえます．

　x の間の相関係数に基づいて，特徴量を削減します．一つのやり方として，相関係数の絶対値が最大となる特徴量の組において，それらの一方の特徴量を削除します．これを繰り返し行うことで，最も類似している特徴量の組から順番に，一つずつ特徴量を削除できます．相関係数の絶対値が，しきい値未満になったら終了します．しきい値として 0.95 以上としている論文もありますが，適した値があるわけではありません．詳細に検討したい場合は，テストデータに対する予測精度を見ながら検討するとよいでしょう．

　特徴量の組において，どちらを削除するかは，基本的には類似している特徴

量であるためどちらでも構いませんが，何かしらの方法で一つに決めたい場合
は，(2 つの特徴量以外の) 他の特徴量との類似度がより高い特徴量として，他
の特徴量との相関係数の絶対値の和が，大きいほうを選ぶとよいでしょう．

　相関係数の絶対値の大きい特徴量の組の一方を削除するサンプルプログラム[6]
は 04_03_correlation_deleting.py です．4.2 節の方法で同じ値をもつサン
プルの割合で特徴量を削除した後に，相関係数の絶対値に基づいてさらに特徴
量を削除します．サンプルプログラムでは，threshold_of_r の値を設定する
と，相関係数の絶対値がこの値以上となる特徴量の組の一方を削除します．サ
ンプルデータセットは descriptors_with_logS.csv であり，一番左の列が
y，それ以外が x です．実行すると，y と x に分けた後に，同じ値をもつサンプ
ルの割合が threshold_of_rate_of_same_value 以上の特徴量が x から削除
された後，相関係数の絶対値が threshold_of_r 以上となる特徴量の組の一方
が削除され，x_selected_correlation_deleting.csv というファイルに保
存されます．「最初の特徴量の数」と「同じ値をもつサンプルの割合で削除後の
特徴量の数」と「相関係数で削除後の特徴量の数」を確認し，特徴量が削除さ
れていることを確認しましょう．その後，選択された特徴量と削除された特徴
量との間の相関係数を計算し，ヒートマップとして図示したり，similarity_↲
matrix_correlation_deleting.csv というファイルに結果を保存したりし
ます．例えば，選択された特徴量を用いて，さらに解析した結果，重要と判断
された特徴量が得られたとき，その特徴量と相関の高い (相関係数で削除され
た) 特徴量も重要と考えられます．

　サンプルデータセットと同様に y, x を整理したデータセットを csv ファイル
として準備し，そのファイル名をサンプルプログラム中の 'descriptors_wit↲
h_logS.csv' と置き換えることで，ご自身のデータセットでも相関係数の絶対
値の大きい特徴量の組の一方を削除できます．ぜひご活用ください．

4.4　相関係数で特徴量のクラスタリング

　相関係数に基づいて説明変数 x の数を減らすだけなら，前節の方法で問題あ
りません．相関係数の絶対値がしきい値以上の特徴量の組み合わせはなくなり
ます．ただし，機械的に特徴量が削除されてしまうため，構築した回帰モデル・

クラス分類モデルの解釈をしたい場合は，問題になる可能性があります．ある特徴量が重要，と解釈されても，もともとその特徴量と相関の高い特徴量があったかもしれません．そのような相関の高かった特徴量は重要とは判断されません．またxの値を設計したいときに，適当に特徴量が削除されては困ります．

　最終的に特徴量の解釈をしたり特徴量の値を設計したりするときに，問題にならないようにするためには，相関係数の絶対値を用いて特徴量をクラスタリングするとよいでしょう．例えば，最遠隣法による階層的クラスタリング[39] が，上で述べた相関係数の絶対値が最大となる特徴量の組における，一方の特徴量の削除を繰り返す方法と近いです．クラスタリングしたあとは，しきい値に基づいて具体的なクラスターを決めて，クラスターごとに適当に一つの特徴量を選択するか，クラスター内の特徴量をすべて標準化 (オートスケーリング) してスケールを揃えた後に，特徴量の平均値を新しい特徴量にするとよいでしょう．もちろんクラスターごとに PCA をして第 1 主成分を用いることも考えられますが，高い相関があるため平均値で十分です．

　相関係数でクラスタリングを行うサンプルプログラム[6] は 04_04_correla‚tion_clustering.py です．4.2 節の方法で同じ値をもつサンプルの割合で特徴量を削除した後に，相関係数の絶対値に基づいて特徴量をクラスタリングします．サンプルプログラムでは，threshold_of_r の値を設定すると，相関係数の絶対値がこの値以上となる特徴量が同じクラスターになります．サンプルデータセットは descriptors_with_logS.csv であり，一番左の列が y，それ以外が x です．実行すると，y と x に分けた後に，同じ値をもつサンプルの割合が threshold_of_rate_of_same_value 以上の特徴量が x から削除された後，相関係数の絶対値に基づいて特徴量のクラスタリングが行われ，クラスター番号が cluster_numbers_correlation.csv というファイルに保存されます．「最初の特徴量の数」と「同じ値をもつサンプルの割合で削除後の特徴量の数」と「相関係数に基づいてクラスタリングした後の特徴量クラスターの数」を確認し，特徴量がクラスタリングされていることを確認しましょう．その後，クラスターごとに (適当に) 一つずつ特徴量が選択され，x_selected_correla‚tion_clustering.csv というファイルに保存されます．さらに，選択された特徴量と削除された特徴量との間の相関係数を計算し，ヒートマップとして図示したり，similarity_matrix_correlation_clustering.csv というファイルに結果を保存したりします．例えば，選択された特徴量を用いて，さらに

解析した結果，重要と判断された特徴量が得られたとき，その特徴量と相関の高い (相関係数で削除された) 特徴量も重要と考えられます．最後に，特徴量のクラスターごとに，特徴量を標準化した後に平均化した結果が x_averaged_co↩rrelation_clustering.csv というファイルに保存されます．これらの特徴量は各特徴量クラスターを代表する特徴量といえます．

サンプルデータセットと同様に y, x を整理したデータセットを csv ファイルとして準備し，そのファイル名をサンプルプログラム中の 'descriptors_wit↩h_logS.csv' と置き換えることで，ご自身のデータセットでも相関係数の絶対値に基づいて特徴量のクラスタリングができます．ぜひご活用ください．

4.5 genetic algorithm-based partial least squares (GAPLS), genetic algorithm-based support vector regression (GASVR)

生物の進化の過程を模倣した最適化のためのアルゴリズムである遺伝的アルゴリズム (genetic algorithm：GA) を用いて，目的とする統計量の値が向上するように説明変数 x を選択する手法である，genetic algorithm-based partial least squares (GAPLS) と genetic algorithm-based support vector regression (GASVR) について解説します．GAPLS では，線形の回帰分析手法である PLS[16] により構築されるモデルの推定性能を，GASVR では，非線形の回帰分析手法であるサポートベクター回帰 (SVR) により構築されるモデルの推定性能を向上させるために，x を選択します．

図 4.1 に GA の概要を示します．まず 0, 1 等の染色体で表される個体をランダムに多数生成し，個体ごとに適合度を計算します．次に計算された適合度の値が大きいほど選択されやすくなる方法で個体を選択し，選択された染色体に対して交差や突然変異といった遺伝的操作を行い次世代の個体を生成します．そして生成された個体に対して，再度適合度を計算します．適合度の計算，適合度に基づく個体の選択，遺伝的操作による個体の生成を，あらかじめ設定した世代数だけ繰り返します．世代数を十分大きくすると，適合度がある値に収束するため，このときの適合度の最大値をもつ個体を，最終的な解とします．GA により適合度の大きな個体を効率的に得ることができます．

図 4.2 に GAPLS における個体の例を示します．GAPLS では，個体の染色体である 1, 0 に対して，1 を選択された x，0 を選択されない x と意味付けしま

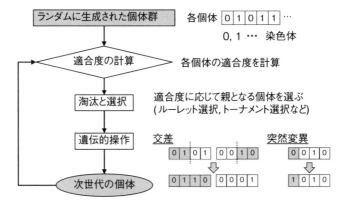

図 4.1　GA の概要

図 4.2　GAPLS における個体

す．個体が実数の GA では，それぞれ 0 から 1 の間の実数で表し，例えば 0.5 よ
り大きい染色体の番号を，選択された x とします．0.5 の値を変更することで，
選択される x の数を調整できます．また，染色体の 0 ～ 1 の数が大きい順に m
個の x を選択することで，選択される x の数を決められます．

　GAPLS では，選択された x のみを用いて，y との間で PLS による CV[26] を行
い，最適成分数における CV 推定値を用いた r² を適合度とします．これにより
予測性能の高いモデルを構築できると考えられる x の組み合わせが得られます．

　図 4.3 に GASVR における個体の例を示します．ここではガウシアンカーネ
ルを用いた SVR を用いる前提で話します．GASVR でも GAPLS と同様にして，
個体の染色体である 1, 0 に対して，1 を 選択された x，0 を選択されない x と意
味付けします．さらに個体の後半の染色体を SVR のハイパーパラメータである
C, ε, γ に対応付けします．個体が実数の GA において，それぞれ 0 から 1 の
間の実数で表し，例えば 0.5 より大きい染色体の番号を，選択された x としま
す．0.5 の値を変更することで，選択される x の数を調整できます．また，染色
体の 0 ～ 1 の数が大きい順に m 個の x を選択することで，選択される x の数を
決められます．

説明変数 x の数

$$\overbrace{\qquad\qquad\qquad}\quad C \quad \varepsilon \quad \gamma$$

各個体　| 0 | 1 | 0 | 1 | 1 | ... | 1 | 0.25 | 0.5 | 2 |

図 4.3　GASVR における個体

　GASVR では，選択された C, ε, γ と選択された x のみを用いて，y との間で SVR による CV[26] を行い，CV 推定値を用いた r^2 を適合度とします。これにより予測性能の高いモデルを構築できると考えられる x の組み合わせが得られます。

　GA にはランダム性があるため，データセットが同じであっても GAPLS, GASVR によりいつも同じ結果が得られるとは限りません。また GAPLS, GASVR はモデルの予測性能を向上させるための手法ですが，適合度の計算において CV により予測性能を評価しているとはいえ，その予測性能は現状のデータセットを駆使することでしか評価できないため注意が必要です (4.1 節参照)。基本的にはそのデータセットに対する当てはまりしか考慮できず，オーバーフィッティングしている可能性もあります。オーバーフィッティングを低減するためには，GAPLS や GASVR を複数回計算して複数の特徴量セットを求め，特徴量セットごとにモデルを構築し，アンサンブル学習により予測するとよいでしょう。

　GAPLS のサンプルプログラム[6] は 04_05_gapls.py です。サンプルデータセットは selected_descriptors_with_boiling_point.csv[40] であり，一番左の列が y，それ以外が x です。サンプルプログラムでは以下の設定ができます。

- number_of_population：GA の個体数
- number_of_generation：GA の世代数
- fold_number：CV の fold 数
- max_number_of_components：PLS の最大成分数
- threshold_of_variable_selection：染色体の 0, 1 を分けるしきい値

fold_number を大きくしすぎると，CV により予測精度を適切に評価できず，オーバーフィッティングの危険が大きくなるため注意しましょう。また max_number_of_components を大きくしてもオーバーフィッティングの危険が高まるため注意しましょう。threshold_of_variable_selection を小さくすると選択される特徴量の数も小さく，大きくすると選択される特徴量の数も大きくなる傾向があります。

実行すると，GAPLS で特徴量選択をした後に，選択された特徴量のデータセットを gapls_selected_x.csv という名前の csv ファイルに保存します.

GASVR のサンプルプログラム[6] は 04_05_gasvr.py です．サンプルデータセットは selected_descriptors_with_boiling_point.csv[40] であり，一番左の列が y，それ以外が x です．サンプルプログラムでは以下の設定ができます.

- number_of_population：GA の個体数
- number_of_generation：GA の世代数
- fold_number：CV の fold 数
- svr_c_2_range：SVR の C の範囲 (2 の何乗か)
- svr_epsilon_2_range：SVR の ε の範囲 (2 の何乗か)
- svr_gamma_2_range：SVR の γ の範囲 (2 の何乗か)
- threshold_of_variable_selection：染色体の 0, 1 を分けるしきい値

fold_number を大きくしすぎると，CV により予測精度を適切に評価できず，オーバーフィッティングの危険が大きくなるため注意しましょう．threshold_of_variable_selection を小さくすると選択される特徴量の数も小さく，大きくすると選択される特徴量の数も大きくなる傾向があります.

実行すると，GASVR で特徴量選択をした後に，選択された特徴量のデータセットを gasvr_selected_x.csv という名前の csv ファイルに，選択されたハイパーパラメータを gasvr_selected_hyperparameters.csv という名前の csv ファイルに保存します.

サンプルデータセットと同様に y, x を整理したデータセットを csv ファイルとして準備し，そのファイル名をサンプルプログラム中の 'selected_descriptors_with_boiling_point.csv' と置き換えることで，ご自身のデータセットでも GAPLS, GASVR による変数選択ができます．ぜひご活用ください.

GAPLS や GASVR のサンプルプログラムでは読み込んだすべてのサンプルを用いて特徴量選択を行っていますが，モデルの予測精度を検証するためには，事前にトレーニングデータとテストデータに分割し，トレーニングデータで特徴量選択およびモデル構築を行い，テストデータで予測精度を評価するとよいでしょう.

4.6 スペクトル解析における波長領域の選択

　前節では GA を用いて回帰モデルの推定性能が向上するために，説明変数 x を選択する手法を紹介しました．本節では特徴量選択の中でも，同じく GA に基づいて，スペクトル解析における波長選択に特化した手法を解説します．

　スペクトル解析において，波長の領域の組み合わせを回帰モデルの予測性能が高くなるように選択する手法は，genetic algorithm-based wavelength selection using partial least squares (GAWLSPLS) と genetic algorithm-based wavelength selection using support vector regression (GAWLSSVR) です．選択する波長領域が 3 つの場合における，波長を領域で選択するイメージを図 4.4 に示します．選択された波長領域と目的変数 y との間で PLS モデル (GAWLSPLS) や SVR モデル (GAWLSSVR) が構築される中で，GA に基づいて最適な波長領域の組み合わせを選択します．

　GA で波長領域を選択する基本的な流れは 4.5 節と同様です (図 4.1 参照)．4.5 節の GAPLS や GASVR において，それぞれ図 4.2 と図 4.3 にある個体における特徴量を選択する染色体が，GAWLSPLS や GAWLSSVR では図 4.5 のようになります．あらかじめ決めておいた波長領域の数だけ，最初の波長と波長領域の幅のセットがあります．例えば波長領域の数が 3 のとき，染色体の数は $3 \times 2 = 6$ となります．

　GAWLSPLS や GAWLSSVR を実行する前に，選択する領域の幅の最大値と選択する領域の数を設定する必要があります．選択する領域の幅の最大値は，ある程度大きくしておきます．選択する領域の数を事前に決めることが難しい場

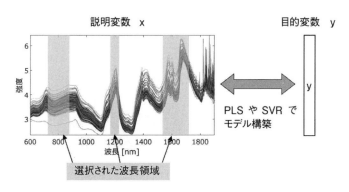

図 4.4　波長を領域で選択するイメージ (選択する波長領域が 3 つの場合)

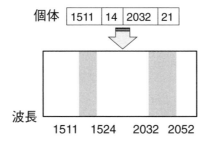

個体 | 1511 | 14 | 2032 | 21

波長 1511 1524 2032 2052

図 4.5 GAWLSPLS や GAWLSSVR における個体の染色体の表現

合は，いくつかの領域数で GAWLSPLS や GAWLSSVR を実行して波長領域を選択し，選択された波長領域のみを用いたときのモデルの予測性能 (CV 時やテストデータの予測精度など) を確認して適した領域の数を決めるとよいでしょう．なお，GAPLS や GASVR と同様にして，世代数や個体数といった GA 関係のパラメータや，PLS の最適成分数や SVR の C, ε, γ の範囲も設定する必要があります．

GAWLSPLS のサンプルプログラム[6] は 04_06_gawlspls.py です．サンプルデータセットは sample_spectra_dataset_with_y.csv[27] であり，一番左の列が y，それ以外が x です．サンプルプログラムでは以下の設定ができます．

- number_of_areas：選択する領域の数
- max_width_of_areas：選択する領域の幅の最大値
- number_of_population：GA の個体数
- number_of_generation：GA の世代数
- fold_number：CV の fold 数
- max_number_of_components：PLS の最大成分数

fold_number を大きくしすぎると，CV により予測精度を適切に評価できず，オーバーフィッティングの危険が大きくなるため注意しましょう．また max_n‿umber_of_components を大きくしてもオーバーフィッティングの危険が高まるため注意しましょう．

実行すると，GAWLSPLS で波長選択をした後に，選択された波長のデータセットを gawlspls_selected_x.csv という名前の csv ファイルに保存します．

GAWLSSVR のサンプルプログラム[6] は 04_06_gawlssvr.py です．サンプルデータセットは sample_spectra_dataset_with_y.csv[27] であり，一番左の列が y，それ以外が x です．サンプルプログラムでは以下の設定ができます．

- `number_of_areas`：選択する領域の数
- `max_width_of_areas`：選択する領域の幅の最大値
- `number_of_population`：GA の個体数
- `number_of_generation`：GA の世代数
- `fold_number`：CV の fold 数
- `svr_c_2_range`：SVR の C の範囲 (2 の何乗か)
- `svr_epsilon_2_range`：SVR の ε の範囲 (2 の何乗か)
- `svr_gamma_2_range`：SVR の γ の範囲 (2 の何乗か)

`fold_number` を大きくしすぎると，CV により予測精度を適切に評価できず，オーバーフィッティングの危険が大きくなるため注意しましょう．

実行すると，GAWLSSVR で波長選択をした後に，選択された波長のデータセットを `gawlssvr_selected_x.csv` という名前の csv ファイルに，選択されたハイパーパラメータを `gawlssvr_selected_hyperparameters.csv` という名前の csv ファイルに保存します．

GAWLSPLS や GAWLSSVR のサンプルプログラムでは読み込んだすべてのサンプルを用いて波長選択を行っていますが，モデルの予測精度を検証するためには，事前にトレーニングデータとテストデータに分割し，トレーニングデータで特徴量選択およびモデル構築を行い，テストデータで予測精度を評価するとよいでしょう．

4.7　時系列データ解析におけるプロセス変数とその時間遅れの選択

本節では特徴量選択の中でも，4.5 節と同じく GA に基づいて，時系列データ解析におけるプロセス変数とその時間遅れの選択に特化した手法を解説します．

時系列データの解析において，プロセス変数の組み合わせとそれらの時間遅れの領域を回帰モデルの予測性能が高くなるように選択する手法は，genetic algorithm-based process variable and dynamics selection using partial least squares (GAVDSPLS) と genetic algorithm-based process variable and dynamics selection using support vector regression (GAVDSSVR) です．選択するプロセス変数が 3 つの場合における，それらの時間遅れを領域で選択するイメージを図 4.6 に示します．図のようにプロセス変数ごとに特徴量方向に時間遅れ変数を並べたデータセットに対して，選択

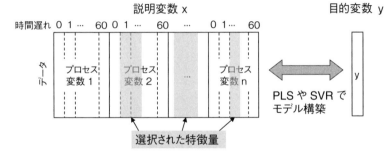

図 4.6　時間遅れを領域で選択するイメージ

されたプロセス変数の時間遅れ領域と目的変数 y との間で PLS モデル (GAVD-SPLS) や SVR モデル (GAVDSSVR) が構築される中で，GA に基づいて最適なプロセス変数の組み合わせとそれらの時間遅れの領域を選択します.

　GA でプロセス変数の組み合わせとそれらの時間遅れの領域を選択する基本的な流れは 4.5 節と同様であり (図 4.6 参照)，個体における特徴量を選択する染色体は 4.6 節と同様です. あらかじめ決めておいた領域の数だけ，プロセス変数ごとの最初の時間遅れと時間遅れ領域の幅のセットがあります. 例えば時間遅れ領域の数が 3 のとき，染色体の数は 3 × 2 = 6 となります. ただし GAVDSPLS や GAVDSSVR では 4.6 節の GAWLSPLS や GAWLSSVR と異なり，2 つのプロセス変数をまたいで時間遅れ領域が選択されることはないようにします.

　GAVDSPLS や GAVDSSVR を実行する前に，選択する領域の幅の最大値と選択する領域の数を設定する必要があります. 選択する領域の幅の最大値は，ある程度大きくしておきます. 選択する領域の数を事前に決めることが難しい場合は，いくつかの領域数で GAVVDSPLS や GAVDSSVR を実行してプロセス変数の組み合わせとそれらの時間遅れの領域を選択し，選択された領域のみを用いたときのモデルの予測性能 (CV 時やテストデータの予測精度など) を確認して適した領域の数を決めるとよいでしょう. なお，GAPLS や GASVR と同様にして，世代数や個体数といった GA 関係のパラメータや，PLS の最適成分数や SVR の C, ε, γ の範囲も設定する必要があります.

　GAVDSPLS のサンプルプログラム[6] は 04_07_gavdspls.py です. サンプルデータセットは debutanizer_y_measurement_span_10.csv[41] であり，一番左の列が y，それ以外が x です. y について，999 という数値が入っているサンプル (時刻) は測定されていないことを意味します (別のデータセットを用いる

際, y に 999 を入れずに空欄にしておいても, 同じように測定されていないこ
とになります). サンプルプログラムでは以下の設定ができます.

- max_dynamics_considered：最大いくつまでの時間遅れ変数を考慮するか
- dynamics_span：時間遅れの間隔
- number_of_areas：選択する領域の数
- max_width_of_areas：選択する領域の幅の最大値
- number_of_population：GA の個体数
- number_of_generation：GA の世代数
- fold_number：CV の fold 数
- max_number_of_components：PLS の最大成分数

max_dynamics_considered や dynamics_span では, x の測定間隔 (サンプ
ルの間隔) が単位時間となります. 例えば max_dynamics_considered が 50 で
dynamics_span が 1 のとき, プロセス変数ごとに 0, 1, 2, . . . , 49, 50 の時間遅れ
が考慮され (0 は時間遅れなしを意味します), dynamics_span を 3 とすれば, プ
ロセス変数ごとに 0, 3, 6, . . . , 45, 48 の時間遅れが考慮されます. fold_number
を大きくしすぎると, CV により予測精度を適切に評価できず, オーバーフィッ
ティングの危険が大きくなるため注意しましょう. また max_number_of_com⤸
ponents を大きくしてもオーバーフィッティングの危険が高まるため注意しま
しょう.

実行すると, GAVDSPLS でプロセス変数の組み合わせとそれらの時間遅れの
領域を選択した後に, 選択された領域のデータセットを gavdspls_selected_⤸
x.csv という名前の csv ファイルに保存します. ファイル内の変数名において,
X7_10 のような "プロセス変数名"_"数字" の数字は, 時間遅れを意味します.

GAVDSSVR のサンプルプログラム[6] は 04_07_gavdssvr.py です. サンプル
データセットは debutanizer_y_measurement_span_10.csv[41] であり, 一番
左の列が y, それ以外が x です. y について, 999 という数値が入っているサン
プル (時刻) は測定されていないことを意味します (別のデータセットを用いる
際, y に 999 を入れずに空欄にしておいても, 同じように測定されていないこ
とになります). サンプルプログラムでは以下の設定ができます.

- max_dynamics_considered：最大いくつまでの時間遅れ変数を考慮するか
- dynamics_span：時間遅れの間隔
- number_of_areas：選択する領域の数

- `max_width_of_areas`：選択する領域の幅の最大値
- `number_of_population`：GA の個体数
- `number_of_generation`：GA の世代数
- `fold_number`：CV の fold 数
- `svr_c_2_range`：SVR の C の範囲 (2 の何乗か)
- `svr_epsilon_2_range`：SVR の ε の範囲 (2 の何乗か)
- `svr_gamma_2_range`：SVR の γ の範囲 (2 の何乗か)

`max_dynamics_considered` や `dynamics_span` では，x の測定間隔 (サンプルの間隔) が単位時間となります．例えば `max_dynamics_considered` が 50 で `dynamics_span` が 1 のとき，プロセス変数ごとに 0, 1, 2, . . . , 49, 50 の時間遅れが考慮され (0 は時間遅れなしを意味します)，`dynamics_span` を 3 とすれば，プロセス変数ごとに 0, 3, 6, . . . , 45, 48 の時間遅れが考慮されます．`fold_number` を大きくしすぎると，CV により予測精度を適切に評価できず，オーバーフィッティングの危険が大きくなるため注意しましょう．

実行すると，GAVDSSVR でプロセス変数の組み合わせとそれらの時間遅れの領域を選択した後に，選択された領域のデータセットを `gawlssvr_selec` `ted_x.csv` という名前の csv ファイルに，選択されたハイパーパラメータを `gavdssvr_selected_hyperparameters.csv` という名前の csv ファイルに保存します．ファイル内の変数名において，X3_16 のような "プロセス変数名"_ "数字" の数字は，時間遅れを意味します．

GAVDSPLS や GAVDSSVR のサンプルプログラムでは読み込んだすべてのサンプルを用いて領域の選択を行っていますが，モデルの予測精度を検証するためには，事前にトレーニングデータとテストデータに分割し，トレーニングデータで特徴量選択およびモデル構築を行い，テストデータで予測精度を評価するとよいでしょう．

4.8　Boruta

Stepwise 法や least absolute shrinkage and selection operator (LASSO) 法，そして 4.5 節の GAPLS, GASVR や 4.6 節の GAWLSPLS, GAWLSSVR や 4.7 節の GAVDSPLS, GAVDSSVR では，基本的に CV 後の r^2 のように，何らかの統計量を最

適化するように特徴量を選択します．特徴量選択をすることで，特徴量選択の前と比較してその統計量の値は改善されますが，その指標のみが良好になってしまう，つまり指標にオーバーフィットする可能性もあり，真の外部データに対する予測性能は考慮されていません．4.1 節で述べたように既存のデータセットに基づいて特徴量選択をするしかない以上，目的変数 y が真に不明なサンプルに対する予測性能を向上させるような特徴量選択は困難です．

　一方，ランダムフォレスト (RF)[22] で計算される特徴量の重要度に基づく特徴量選択手法である Boruta[42] は，説明変数 x のデータセットをシャッフルすることで作られる擬似的な x のデータセットを活用して，オリジナルの x から重要な特徴量を選択します．Boruta では何らかの統計量を最適化することがないため，回帰モデルやクラス分類モデルがトレーニングデータにオーバーフィットすることを軽減できると期待できます．

　Boruta では RF で計算される特徴量の重要度に基づいて特徴量が選択されます．Boruta のアルゴリズムを以下に，概念図を図 4.7 に示します．

① x のデータセット (オリジナル x) をコピーする

② コピーした行列において，特徴量ごとにサンプルの値をランダムに並び替える (シャッフルする)．ここで準備した特徴量をシャッフル x と呼ぶ．シャッフル x では特徴量ごとに値をランダムに並べ替えているため，すべて y と無関係である

③ オリジナル x とシャッフル x を結合して，y との間で RF を実行し，特徴量の重要度を計算する

④ シャッフル x は y と無関係であるが，シャッフル x にも何らかの値が重要度として割り当てられるため，それらの値の p パーセンタイルによって重要度の基準値を設ける．例えば p が 100 のときはシャッフル x の特徴量の重要度の最大値が基準値となり，オリジナル x の中で重要度が基準値を超えた特徴量を hit した特徴量とする

⑤ ②〜④を繰り返す中で，特徴量ごとに hit した (1)，hit しない (0) の 0, 1 の二項分布に基づく両側検定でオリジナル x がシャッフル x と比較して重要かどうか検討する．事前に有意水準 α を設定する (例えば $\alpha = 0.05$)．繰り返しの中でシャッフル x と比較して重要でないと判断されたオリジナル x は削除される

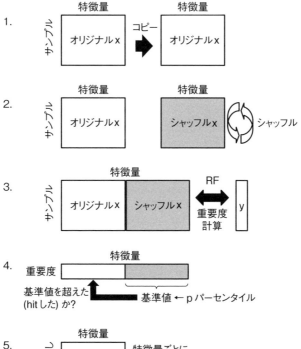

図 4.7 Boruta の概念図

p が大きいほど，また α が大きいほど，削除される特徴量の数が多くなる傾向があります．

データセットの可視化・見える化

　本章ではデータセットを可視化・見える化することについて扱います．データセットの可視化をする理由については5.1節をご覧ください．データセットが多次元・多変量であり特徴量が多いため，それを可視化する，すなわち2次元平面上で表現するためには工夫が必要です．主成分分析 (PCA)[14] や t-distributed stochastic neighbor embedding (t-SNE)[43] 等でデータセットを2次元平面上で表現できます．さらに5.4節には，非線形の可視化手法の一つとして generative topographic mapping (GTM) についての説明があります．ただし，どの可視化手法を使用する場合も，オリジナルのデータセットの情報量の100% を2次元平面に反映させられるわけではないことを念頭に置く必要があります．2次元平面上で近いサンプル同士でも実際の多次元空間では離れていたり，実際の多次元空間で近いサンプル同士でも2次元平面上で離れていたりする可能性があります．あくまでデータセットを概観する意識でデータセットを可視化した結果をご覧ください．

5.1　データセットの可視化をする理由

　分子設計・材料設計・プロセス設計・プロセス管理 (ソフトセンサー，異常検出・診断など) において，データ解析・機械学習をするとき，目的としては目的変数 y の値を予測することや，y の値が目標を達成する説明変数 (化学構造の特徴量・合成条件・製造条件・プロセス条件など) x の値を設計することです．そのため主な解析手法は回帰分析手法やクラス分類手法となります．

　一方でデータセットを可視化・見える化することもデータ解析・機械学習の一つです．例えばヒストグラムや散布図，基礎統計量や相関係数によってデータ分布を確認します．または PCA，GTM，t-SNE など[1] によって x を低次元化

し，散布図を確認します．

　データ解析・機械学習の目的がデータの可視化であれば，積極的に上記の手法を用いて可視化します．しかし，目的が上で述べたような y の値の予測や y の値が目標を達成する x の値 (もしくは化学構造) の設計であるときには，データの可視化をしない方もいらっしゃるかもしれません．ただ，そのような目的の場合でも，データの可視化には意味があります．

　データの可視化を行う理由は，大きく分けて以下の 3 つです．
- 外れ値もしくは外れサンプルの検出
- 予測精度の高いモデル構築の検討
- 予測結果やモデルの逆解析の結果の議論

順に説明します．

■■■ 外れ値もしくは外れサンプルの検出

　外れ値もしくは外れサンプルについて，例えば回帰分析を行い y の実測値と推定値の間のプロットを確認したときに，対角線から外れたサンプルが存在することもあります．このとき，そのサンプルにおける y の実測値が外れているのか，それとも x の値が外れていることにより y の推定値が外れているのか，考えると思います．あらかじめデータの分布を確認して，データセットの中に外れサンプルが存在する可能性を認識しておくことで，y, x のうちどれに原因があるのか検討することができます．もちろん x はたくさんあることが多いため，低次元化をしてデータの可視化をした後に，その空間において外れ値があるかどうかを考えます．

　非線形の低次元化手法を用いるときには，低次元化した後の空間における外れ値が，実際の (x の) 空間においても外れ値とは限らないため注意しましょう．主成分分析では軸の回転 (と反転) のみであり，低次元化した後の空間における外れ値は，実際の空間においても外れ値であることが保証されます．しかし，非線形手法ではその保証はありません．たとえ低次元化した後に外れ値を検出できたとしても，実際の空間では外れ値でない可能性もあるため注意しましょう．

■■■ 予測精度の高いモデル構築の検討

　x の数が大きいときにデータの可視化をするため，低次元空間に写像した後に散布図を確認します．散布図上のサンプルに対して，クラス分類においてカ

テゴリーごとに色付けしたり，回帰分析において y の値の大きさに応じて色付けしたりすることで，予測精度の高いモデルを構築できそうか，見通しをつけられます．散布図において，y のカテゴリー (色) ごとに分布が分かれていたり，y の値 (色) が連続的に変化していたりすると，それぞれの解析により予測精度の高いモデルを構築できそうだと考えられます．また，そのような状況においても，予測精度の高いモデルを構築できなかったとき，x の多次元空間においてモデルがオーバーフィットした可能性が考えられます．このようにデータの可視化をすることで，予測精度の高いクラス分類モデルや回帰モデルを構築するための議論の材料になります．

■ 予測結果やモデルの逆解析の結果の議論

サンプルのカテゴリーごとに色付けしたり，サンプルの y の値に応じて色付けしたりした散布図を見ることで，y の目標値を得たり，y の値をさらに向上させたりするために，モデルの逆解析においてどちらの方向に x の値を設計すべきかの指針がわかる可能性があります．また，モデルの逆解析によって生成されて y の値が予測されたサンプルをその散布図に重ねてプロットすることで，逆解析の結果を検証することもできます．

y が 2 つあるときは，y の散布図として元のデータセットや逆解析の結果をプロットして確認することで，逆解析によってパレート最適解が更新されたかどうかのチェックもできます．

データセットの可視化・見える化のための手法を選ぶときのポイント

データセットは基本的に複数の特徴量で表現されているため，工夫をしないとデータセットの全体像 (データセットにおけるサンプルの分布) を見ることはできません．複数の特徴量を，例えば 2 次元 (2 つの特徴量) に低次元化できれば，サンプルの分布を確認することができます．多次元 (複数の特徴量) 空間に存在するサンプルを 2 次元に変換する手法の例は以下のとおりです．

- 主成分分析 (principal component analysis：PCA)
- 因子分析 (factor analysis：FA)
- multi-dimensional scaling (MDS)

- カーネル主成分分析 (Kernel principal component analysis：KPCA)
- 自己組織化マップ (self-organizing map：SOM)
- generative topographic mapping (GTM)
- isometric mapping (Isomap)
- locally linear embedding (LLE)
- t-distributed stochastic neighbor embedding (t-SNE)

このようにデータの可視化・見える化をする手法は多くありますが，基本的に教師なし学習であるため最適な手法を自動的に選ぶことは難しいです．

本節では，データの可視化・見える化のための手法を選ぶときのポイントについて解説します．

■■■■ サンプルの近接関係は，多次元空間⇔2次元平面で保持されているか

多次元空間を2次元平面に変換することがデータの可視化・見える化といっても，多次元空間にあるサンプルを，適当に2次元平面にばらまくのでは，全く意味がありません．実際の多次元空間にあるサンプル群の様子と近いものを，2次元平面で確認することが目的です．

そこで考えるべきことは以下の2点です．

① 多次元空間において近接しているサンプル同士は，2次元平面においても近いか

② 2次元平面において近接しているサンプル同士は，多次元空間においても近いか

例えば，PCA[14]は，①を満たしています．PCAは線形の手法であり，硬い板のような曲がらない平面を多次元空間に置き，そこにサンプルを射影した結果を，2次元平面上で見ているようなものです．そのため，多次元空間において近い位置関係にあるサンプル同士は，2次元平面においても近いところにあります．

しかし，PCAは②を満たしません．2次元平面においてサンプル同士が近くても，多次元空間においては遠い可能性があります．PCAを用いた可視化の結果を確認するときには注意が必要です．もちろん，多次元空間におけるサンプル同士の距離を確認することや，PCAモデルの残差を確認することにより，2次元平面において近接しているサンプル同士が，多次元空間においてどの程度離れているかの検討はできます．

53

　理論的に②を満たすようにモデルが構築されるのは，SOM[44] の上位互換である GTM (5.4 節参照) です (SOM は満たしません). GTM は非線形の手法であり，ゴム状のシートを曲げたり伸び縮みさせたりしながら，多次元空間にあるサンプルを通るようにシートを置き，そのシートにサンプルを射影するような手法です. GTM の 2 次元平面において近いサンプル同士は，多次元空間においても近い位置にあるように，GTM モデルが構築されます.

　しかし，GTM は①を満たしません. 多次元空間において近いサンプル同士であっても，2 次元平面上では遠い可能性があります. GTM によって可視化した結果を確認するときは注意する必要があります. もちろん，多次元空間におけるサンプル同士の距離と 2 次元平面におけるサンプル同士の距離を確認することや，GTM モデルの残差を確認することにより，多次元空間において近接しているサンプル同士が，2 次元平面においてどの程度離れているかの検討はできます. なお，SOM は①も②も満たさないため，その上位互換性のある GTM を用いましょう.

　参考として，以下の③④も大事ですが，③は②の，④は①の対偶であるため，①と②のみ検討すれば十分です.

　③ 多次元空間において遠いところにあるサンプル同士は，2 次元平面においても遠いか

　④ 2 次元平面において遠いところにあるサンプル同士は，多次元空間においても遠いか

見える化・可視化手法を整理すると表 5.1 になります. locally linear embedding (LLE) は，多次元空間にある各サンプルが，それぞれ近接しているいくつかのサンプルの線形結合で与えられることを仮定します. そしてその線形結合の関係が 2 次元平面でも成り立つように可視化が行われます. サンプル同士の距離

表 5.1　可視化・見える化手法

①を満たす手法	主成分分析 (principal component analysis：PCA)
	因子分析 (factor analysis：FA)
	multi-dimensional scaling (MDS)
	カーネル主成分分析 (Kernel principal component analysis：KPCA)
	isometric mapping (Isomap)
②を満たす手法	generative topographic mapping (GTM)
①と②を満たそうとする手法	locally linear embedding (LLE)
	t-distributed stochastic neighbor embedding (t-SNE)
①も②も満たさない手法	自己組織化マップ (self-organizing map：SOM)

は見ていないため，①も②も必ず満たすとはいえませんが，サンプルの位置関係は，多次元空間⇔2次元平面で保持されます．

t-SNE は，①も②も必ず満たすとはいえませんが，t-SNE の目的関数は①と②を同時に満たす方向を目指せる関数であり，その関数を最大化することで可視化します．①も②も満たす保証はありませんが，それらを同時に満たす可能性があるという点で，よく用いられている手法です．

■■■ どのようなデータを可視化・見える化するか

上述したどの可視化手法でも，複数の特徴量で表現されたデータセットが与えられたときに，可視化をすることができます．さらに，可視化手法の中には，サンプル間の類似度さえ与えられたら，可視化できるものもあります．表5.2 のように，すべてのサンプル間で，それぞれのサンプルが類似している度合いが与えられている状況です．類似度の例としては，ユークリッド距離の逆数，相関係数の絶対値，tanimoto 係数があります．

表5.2 のような類似度行列が与えられれば可視化できる手法の例は以下になります．

- MDS
- Isomap
- KPCA
- t-SNE

なお，MDS, Isomap, t-SNE では，サンプル間の類似度ではなく，サンプル間の距離が必要です．すなわち，サンプル同士が類似しているほど値が小さくなる指標を計算する必要があります．指標の例としては，ユークリッド距離をはじめとする様々な距離が挙げられます．類似度を逆数に変換して用いることもできます．

サンプル間の類似度や距離しか与えられていないときにはぜひご活用くだ

表 5.2 サンプル間の類似度のイメージ

	サンプル 1	サンプル 2	サンプル 3	サンプル 4	サンプル 5
サンプル 1	1	0.9	0.5	0.7	0.2
サンプル 2	0.9	1	0.1	0.8	0.3
サンプル 3	0.3	0.1	1	0.5	0.9
サンプル 4	0.7	0.8	0.5	1	0.4
サンプル 5	0.2	0.3	0.9	0.4	1

さい.

5.3 可視化・見える化した結果を評価する指標

可視化・見える化手法の中には，解析者が事前に決める必要のあるパラメータであるハイパーパラメータをもつ手法があります．手法とハイパーパラメータの例は以下のとおりです．

- ガウシアンカーネルを用いた KPCA における γ (ガンマ)
- t-SNE における perplexity
- GTM におけるマップサイズ，放射基底関数 (radial basis function：RBF) の数，RBF の分散，expectation-maximization (EM) アルゴリズムのパラメータ
- Isomap における最近隣数
- LLE における最近隣数

ハイパーパラメータは回帰分析手法やクラス分類手法にもあります．例えば部分的最小二乗法 (PLS) における成分数や，ガウシアンカーネルを用いたサポートベクターマシン (SVM) における C や γ です．回帰分析やクラス分類といった教師あり学習をするときには，教師である目的変数 y があるため，y をどの程度予測できたか，を指標にしてハイパーパラメータを決めることができます．例えば PLS において，クロスバリデーション (CV) 後の r^2 が最大となるように成分数を決められます．一方で可視化のような教師なし学習には y がない (教師がない) ため，教師あり学習のときのようなハイパーパラメータの決め方ができません．可視化の結果を見ながら，試行錯誤でハイパーパラメータを決めるしかありませんでした．

本節では，可視化した結果を評価する指標である k-nearest neighbor normalized error for visualization and reconstruction (k3n-error)[45] について説明します．k3n-error は，可視化する前のサンプル間のユークリッド距離と，可視化した後のサンプル間のユークリッド距離に基づきます．5.2 節で述べたように，可視化において重要なことは以下の 2 点です．

① 多次元空間において近接しているサンプル同士は，2 次元平面においても近い

② 2 次元平面において近接しているサンプル同士は，多次元空間においても

近い

k3n-error ではこれらを同時に評価します. つまり, サンプルの近接関係が多次元空間⇔2次元平面で保持されていることの評価です.

はじめに, 可視化する前と後それぞれで, すべてのサンプル間のユークリッド距離を計算します. 多次元空間におけるユークリッド距離や2次元空間におけるユークリッド距離は, 特徴量の標準化 (オートスケーリング) をしてから計算します.

まず①に関連することとして, ある i 番目のサンプルにおいて, 多次元空間で最も近い k 個のサンプルを選択します (サンプル群 A). また2次元平面においても, 最も近い k 個のサンプルを選択します (サンプル群 B). サンプル群 A, B ともに2次元平面における距離の小さい順に, サンプルを並び替えてから, サンプルそれぞれ, サンプル群 A のサンプルの距離からサンプル群 B のサンプルの距離を引いた後に, サンプル群 B のサンプルの距離で割ります. その k 個を足し合わせて, k で割ります. これを p_i とします. $p_i \geqq 0$ であり, 多次元空間で最も近い k 個のサンプルと2次元平面で最も近い k 個のサンプルが同じときに, $p_i = 0$ となります. p_i を, すべてのサンプルで平均化したものを p とします. サンプル数を n とすると, p は以下の式で表されます.

$$p = \frac{1}{n}\sum_{i=1}^{n} p_i \tag{5.1}$$

次に, ②に関連することとして, ある i 番目のサンプルにおいて, 2次元空間で最も近い k 個のサンプルを選択します (サンプル群 C). また多次元平面においても, 最も近い k 個のサンプルを選択します (サンプル群 D). サンプル群 C, D ともに多次元平面における距離の小さい順に, サンプルを並び替えてから, サンプルそれぞれ, サンプル群 C のサンプルの距離からサンプル群 D のサンプルの距離を引いた後に, サンプル群 D のサンプルの距離で割ります. その k 個を足し合わせて, k で割ります. これを q_i とします. $q_i \geqq 0$ であり, 2次元空間で最も近い k 個のサンプルと多次元平面で最も近い k 個のサンプルが同じときに, $q_i = 0$ となります. q_i を, すべてのサンプルで平均化したものを q とします. q は以下の式で表されます.

$$q = \frac{1}{n}\sum_{i=1}^{n} q_i \tag{5.2}$$

p と q を足し合わせたものが k3n-error です.

$$\text{k3n-error} = p + q \tag{5.3}$$

k3n-errorにより①と②の両方を評価することができます. 多次元空間において近いところにあるサンプル同士が2次元平面においても近いほど, 2次元平面において近いところにあるサンプル同士が多次元空間においても近いほど, k3n-errorが小さくなります.

k3n-errorで可視化手法のハイパーパラメータを決定するサンプルプログラム[6]は 05_03_k3nerror.py です. サンプルプログラムは以下のとおりです.

```python
import matplotlib.pyplot as plt
import numpy as np
import pandas as pd
from sklearn.manifold import TSNE
from dcekit.validation import k3nerror
# 設定 ここから
k_in_k3n_error = 10 # k3n-errorのk
candidates_of_perplexity = np.arange(5, 105, 5, dtype=int) # t-SNEのperplexityの
    候補
# 設定 ここまで

dataset = pd.read_csv('selected_descriptors_with_boiling_point.csv', index_col=0)
    # データセットの読み込み

y = dataset.iloc[:, 0] # 目的変数
x = dataset.iloc[:, 1:] # 説明変数
autoscaled_x = (x - x.mean()) / x.std() # オートスケーリング

# k3n-errorを用いたperplexityの最適化
k3n_errors = []
for index, perplexity in enumerate(candidates_of_perplexity):
    print(index + 1, '/', len(candidates_of_perplexity))
    t = TSNE(perplexity=perplexity, n_components=2, init='pca', random_state=10).
    fit_transform(autoscaled_x)
    scaled_t = (t - t.mean(axis=0)) / t.std(axis=0, ddof=1)

    k3n_errors.append(k3nerror(autoscaled_x, scaled_t, k_in_k3n_error) + k3nerror
    (scaled_t, autoscaled_x, k_in_k3n_error))
plt.scatter(candidates_of_perplexity, k3n_errors, c='blue')
plt.xlabel('perplexity')
plt.ylabel('k3n-error')
plt.show()
optimal_perplexity = candidates_of_perplexity[np.where(k3n_errors == np.min(
    k3n_errors))[0][0]]
print('k3n-errorによるperplexityの最適値 :', optimal_perplexity)
```

```
# t-SNE
t = TSNE(perplexity=optimal_perplexity, n_components=2, init='pca', random_state♪
    =10).fit_transform(autoscaled_x)
t = pd.DataFrame(t, index=dataset.index, columns=['t_1', 't_2']) # pandasの♪
    DataFrame型に変換. 行の名前・列の名前も設定
t.to_csv('tsne_score_perplexity_{0}.csv'.format(optimal_perplexity)) # csvファイル♪
    に保存. 同じ名前のファイルがあるときは上書きされるため注意

# t1とt2の散布図
plt.rcParams['font.size'] = 18
plt.scatter(t.iloc[:, 0], t.iloc[:, 1], c='blue')
plt.xlabel('t1')
plt.ylabel('t2')
plt.show()
```

サンプルプログラムでは, t-SNE における perplexity を k3n-error が最小になる
ように決めます. サンプルデータセットは selected_descriptors_with_bo♪
iling_point.csv[40] であり, 一番左の列が y, それ以外が x です. t-SNE によ
るデータセットの可視化には x のみを用います. サンプルプログラムでは, k_♪
in_k3n_error で k3n-error における k の値を, candidates_of_perplexity
で perplexity の候補を設定できます.

　実行すると, t-SNE における perplexity を 5, 10, 15, . . . , 95, 100 と変化させ, そ
れぞれで k3n-error を計算し, perplexity と k3n-error の関係を図示します (図 5.1).
そして, k3n-error が最小となった perplexity が選択されます.「k3n-error による
perplexity の最適値」を確認しましょう. その後, 選択された perplexity で t-SNE

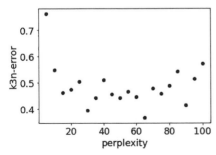

図 5.1 t-SNE の perplexity と k3n-error の関係

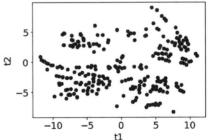

図 5.2 k3n-error によって最適化された perplex-
ity を用いたときの t-SNE による可視化
の結果

を行いデータセットの可視化を行います (図 5.2).

サンプルデータセットと同様に x を整理したデータセットを csv ファイルとして準備し，そのファイル名をサンプルプログラム中の 'selected_descript⤸ors_with_boiling_point.csv' と置き換えることで，ご自身のデータセットでも k3n-error により t-SNE における perplexity を最適化できます．k3n-error は t-SNE だけでなく，すべての可視化手法で用いることができ，可視化手法のハイパーパラメータを最適化できます．ぜひご活用ください．

5.4　generative topographic mapping (GTM)

generative topographic mapping (GTM) は，データセットを可視化するための非線形手法であり，SOM[44] の様々な問題点を解決した，上位互換の手法です．GTM は PCA[14] とは異なり，はじめに 2 次元平面の座標を作ります．その 2 次元平面の座標を，ゴム状のシートのように扱い，そのシートを曲げたり伸び縮みさせたりしながら，特徴量の空間 (多次元空間) にあるサンプルを通るように置き，そのシートにサンプルを射影させるような手法です．理論的には，2 次元平面において近いところにあるサンプル同士は，多次元空間においても近いことが保証されています．GTM のハイパーパラメータの数は多いため，設定の際には注意が必要です．

最初に，横軸を z_1，縦軸を z_2 として，2 次元平面上の座標を考えます．z_1, z_2 ともに –1 から 1 までの間，つまり 4 点 $(-1, -1)$，$(-1, 1)$，$(1, -1)$，$(1, 1)$ で囲まれた正方形の中に $(k \times k)$ 個のグリッド点 (格子点) をとります (図 5.3)．i 番目のグリッド点を，以下の式のように $\mathbf{z}^{(i)}$ とします．

$$\mathbf{z}^{(i)} = \begin{bmatrix} z_1^{(i)} & z_2^{(i)} \end{bmatrix} \tag{5.4}$$

またデータセットにおける j 番目のサンプルを以下のように表します．

$$\mathbf{x}^{(j)} = \begin{bmatrix} x_1^{(j)} & x_2^{(j)} & \cdots & x_m^{(j)} \end{bmatrix} \tag{5.5}$$

ここで $x_k^{(j)}$ は j 番目のサンプルにおける k 番目の特徴量 x の値，m は x の数です．

GTM では，2 次元平面上のあるグリッド点 $\mathbf{z}^{(i)}$ から x への変換をするとき，(変換する関数はさておき) 図 5.4 のように x においてある点を中心 (平均) とし

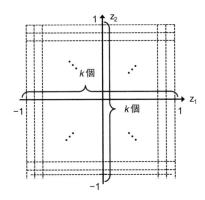

図 5.3 $(k \times k)$ 個のグリッド点 (格子点)

た多変量正規分布となるようにします. すなわち, $\mathbf{z}^{(i)} \rightarrow$「x における多変量正規分布」という変換です. 多変量正規分布の分散や共分散については後述しますが, まず $\mathbf{z}^{(i)}$ から多変量正規分布の平均の点 $\mathbf{x}^{(j)}$ に変換する関数を f として, $\mathbf{x}^{(j)} = f(\mathbf{z}^{(i)})$ となります. $f(\mathbf{z}^{(i)})$ は, 放射基底関数 (radial basis function : RBF) と呼ばれる関数 (後に説明します) の線形結合で表されます. すなわち, j 番目の RBF を $\phi_j(\mathbf{z}^{(i)})$ とすると, $f(\mathbf{z}^{(i)})$ は以下の式になります.

$$f\left(\mathbf{z}^{(i)}\right) = \phi_1\left(\mathbf{z}^{(i)}\right)\mathbf{w}_1 + \phi_2\left(\mathbf{z}^{(i)}\right)\mathbf{w}_2 + \cdots + \phi_p\left(\mathbf{z}^{(i)}\right)\mathbf{w}_p$$
$$= \Phi\left(\mathbf{z}^{(i)}\right)\mathbf{W} \tag{5.6}$$

ここで $\mathbf{w}_j$ は j 番目の RBF に対応する m 次元の (m 個の要素をもつ) 重みベクトル (横ベクトル), p は RBF の数, $\Phi(\mathbf{z}^{(i)})$ は $\phi_j(\mathbf{z}^{(i)})$ を要素にもつ p 次元の横ベクトル, $\mathbf{W}$ は $p \times m$ の行列です. j 番目の RBF である $\phi_j(\mathbf{z}^{(i)})$ は, 2 次元平面上のある点 $\mathbf{t}^{(j)} = [t_1^{(j)} \ t_2^{(j)}]$ を中心として正規分布上に広がる関数であり, 以下のように表されます.

$$\phi_j\left(\mathbf{z}^{(i)}\right) = \exp\left\{-\frac{1}{2\sigma^2}\left\|\mathbf{t}^{(j)} - \mathbf{z}^{(i)}\right\|^2\right\} \tag{5.7}$$

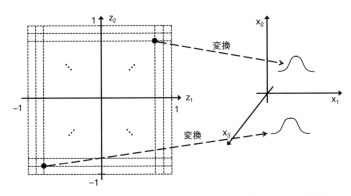

図 5.4 GTM における 2 次元平面上のグリッド点 $\mathbf{z}^{(i)}$ から x への変換

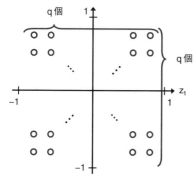

図 5.5 $(q \times q)$ 個の RBF の中心 $\mathbf{t}^{(j)}$

ここで σ^2 は RBF の分散を表すパラメータです．実際には $p = q \times q$ として，図 5.5 のように RBF の中心を 2 次元平面上にまんべんなく配置します．

$\mathbf{z}^{(i)} \rightarrow \mathbf{x}$ における多変量正規分布，という変換の多変量正規分布は，平均が $f(\mathbf{z}^{(j)}) = \Phi(\mathbf{z}^{(j)})\mathbf{W}$，すべての分散が $1/\beta$，すべての共分散が 0 の正規分布であり，以下の式で表されます．

$$p\left(\mathbf{x} \mid \mathbf{z}^{(i)}, \mathbf{W}, \beta\right) = \left(\frac{\beta}{2\pi}\right)^{\frac{m}{2}} \exp\left\{-\frac{\beta}{2}\left\|\Phi\left(\mathbf{z}^{(i)}\right)\mathbf{W} - \mathbf{x}\right\|^2\right\} \tag{5.8}$$

一つのグリッド点に対応する正規分布の式 (5.8) を，すべてのグリッド点で足し合わせることで，2 次元平面を $\mathbf{x}$ に変換 (ゴム状のシートを曲げたり伸び縮みさせたりしながら $\mathbf{x}$ の空間に置くことに対応) したときの確率密度関数になります．すべてのグリッド点に基づく確率密度関数 $p(\mathbf{x}|\mathbf{W}, \beta)$ は，以下の式のように式 (5.8) の確率密度関数をすべてのグリッド点に対して足し合わせ，最後にグリッド点の個数で割ることで与えられます．

$$p(\mathbf{x} \mid \mathbf{W}, \beta) = \frac{1}{k^2} \sum_{i=1}^{k^2} p\left(\mathbf{x} \mid \mathbf{z}^{(i)}, \mathbf{W}, \beta\right) \tag{5.9}$$

なおグリッド数 k^2 で割るのは，確率として合計を 1 にするためです．式 (5.8) より以下のように変形できます．

$$p(\mathbf{x} \mid \mathbf{W}, \beta) = \frac{1}{k^2} \sum_{i=1}^{k^2} \left(\frac{\beta}{2\pi}\right)^{\frac{m}{2}} \exp\left\{-\frac{\beta}{2}\left\|\Phi\left(\mathbf{z}^{(i)}\right)\mathbf{W} - \mathbf{x}\right\|^2\right\} \tag{5.10}$$

式 (5.10) の確率密度関数 $p(\mathbf{x}|\mathbf{W}, \beta)$ が，実際のデータセットにおけるサンプルの分布を表すものであればよいといえます．そのため，各サンプル $\mathbf{x}^{(i)}$ を $p(\mathbf{x}|\mathbf{W}, \beta)$ に入力して計算される確率を，すべて掛け合わせた以下の式を大きくすることを考えます．

$$\prod_{i=1}^{n} p\left(\mathbf{x}^{(i)} \mid \mathbf{W}, \beta\right) \tag{5.11}$$

ここで n はサンプルの数です．実際には，確率を掛け合わせた式 (5.11) を対

数変換した以下の $L(\mathbf{W}, \beta)$ を，最大化する尤度関数とします．

$$L(\mathbf{W}, \beta) = \sum_{i=1}^{n} \log \left\{ p\left(\mathbf{x}^{(i)} \mid \mathbf{W}, \beta\right) \right\} \tag{5.12}$$

式 (5.9), (5.10) より，式 (5.12) は以下のように変形できます．

$$\begin{aligned}
L(\mathbf{W}, \beta) &= \sum_{i=1}^{n} \log \left\{ \frac{1}{k^2} \sum_{j=1}^{k^2} p\left(\mathbf{x}^{(i)} \mid \mathbf{z}^{(j)}, \mathbf{W}, \beta\right) \right\} \\
&= \sum_{i=1}^{n} \log \left\{ \frac{1}{k^2} \left(\frac{\beta}{2\pi}\right)^{\frac{m}{2}} \sum_{j=1}^{k^2} \exp \left\{ -\frac{\beta}{2} \left\| \Phi\left(\mathbf{z}^{(j)}\right) \mathbf{W} - \mathbf{x}^{(i)} \right\|^2 \right\} \right\}
\end{aligned} \tag{5.13}$$

この $L(\mathbf{W}, \beta)$ を最大化するように $\mathbf{W}$ と β を求めます．一般的な求め方とし
ては，$L(\mathbf{W}, \beta)$ を $\mathbf{W}$ と β で微分して，勾配法やニュートン法などで $L(\mathbf{W}, \beta)$ を
最大化し，そのときの $\mathbf{W}$ と β を求めますが，今回は微分が困難です．そこで
GTM では，$L(\mathbf{W}, \beta)$ の最大化を，$\mathbf{z}^{(i)}$ から $\mathbf{x}^{(j)}$ への変換が不明 ($\mathbf{W}$, β が不明)
という不完全データ問題としてとらえ，expectation-maximization (EM) アルゴリ
ズムという最適化アルゴリズムで $\mathbf{W}$ と β を計算します．EM アルゴリズムで
は，以下の E ステップと M ステップを繰り返して $\mathbf{W}$ と β を求めます．

- E ステップ：ある $\mathbf{W}$ と β のもとで，尤度関数 $L(\mathbf{W}, \beta)$ の条件付き確率に
  関する期待値を計算
- M ステップ：期待値を最大化する $\mathbf{W}$ と β を計算

EM アルゴリズムの E ステップにおける条件付き確率のことを，GTM では
responsibility と呼び，responsibility であるサンプル $\mathbf{x}^{(i)}$ に対応する各グリッド $\mathbf{z}^{(j)}$
の確率を以下の式のように R とします．

$$R_{\mathbf{x}^{(i)}, \mathbf{z}^{(j)}}(\mathbf{W}, \beta) = p\left(\mathbf{z}^{(j)} \mid \mathbf{x}^{(i)}, \mathbf{W}, \beta\right) \tag{5.14}$$

ベイズの定理に基づいて，式 (5.14) は以下のように変形できます．

$$R_{\mathbf{x}^{(i)}, \mathbf{z}^{(j)}}(\mathbf{W}, \beta) = \frac{p\left(\mathbf{x}^{(i)} \mid \mathbf{z}^{(j)}, \mathbf{W}, \beta\right)}{\sum_{r=1}^{k^2} p\left(\mathbf{x}^{(i)} \mid \mathbf{z}^{(r)}, \mathbf{W}, \beta\right)} \tag{5.15}$$

与えられた $\mathbf{W}$, β から R (responsibility) を計算するのが E ステップです．

EM アルゴリズムにおける繰り返し計算の a 回目の $\mathbf{W}$, β をそれぞれ $\mathbf{W}_a$,
β_a とします．EM アルゴリズムの M ステップで最大化すべき完全データの尤
度関数 $L_{\text{complete}}(\mathbf{W}, \beta)$ は以下の式で与えられます．

$$L_{\text{complete}}(\mathbf{W}, \beta) = \sum_{i=1}^{n} \sum_{j=1}^{k^2} R_{\mathbf{x}^{(i)}, \mathbf{z}^{(j)}}(\mathbf{W}_a, \beta_a) \log \left\{ p\left(\mathbf{x}^{(i)} \mid \mathbf{z}^{(j)}, \mathbf{W}, \beta\right) \right\} \tag{5.16}$$

$L_{\text{complete}}(\mathbf{W}, \beta)$ が最大値ということは,$L_{\text{complete}}(\mathbf{W}, \beta)$ が極大値ということであるため,$L_{\text{complete}}(\mathbf{W}, \beta)$ を $\mathbf{W}$ で微分して 0 とします.このときの $\mathbf{W}$ を $\mathbf{W}_{a+1}$ とすると,以下の式になります.

$$\sum_{i=1}^{n} \sum_{j=1}^{k^2} R_{\mathbf{x}^{(i)}, \mathbf{z}^{(j)}}(\mathbf{W}_a, \beta_a) \left\{ \Phi\left(\mathbf{z}^{(j)}\right) \mathbf{W}_{a+1} - \mathbf{x}^{(i)} \right\} \Phi^{\mathsf{T}}\left(\mathbf{z}^{(j)}\right) = 0 \tag{5.17}$$

一方で,$L_{\text{complete}}(\mathbf{W}, \beta)$ を β で微分して 0 とします.このときの β を β_{a+1} とすると,以下の式になります.

$$\frac{1}{\beta_{a+1}} = \frac{1}{mn} \sum_{i=1}^{n} \sum_{j=1}^{k^2} R_{\mathbf{x}^{(i)}, \mathbf{z}^{(j)}}(\mathbf{W}_a, \beta_a) \left\| \Phi\left(\mathbf{z}^{(j)}\right) \mathbf{W}_{a+1} - \mathbf{x}^{(i)} \right\|^2 \tag{5.18}$$

式 (5.17) と式 (5.18) により $\mathbf{W}_{a+1}, \beta_{a+1}$ を計算するのが M ステップです.

E ステップと M ステップ,すなわち式 (5.15) と式 (5.17), (5.18) の繰り返し計算によって $\mathbf{W}$ と β を計算します.ただし,$\mathbf{W}$ の大きさには以下のように制約を与えます.

$$p(\mathbf{W} \mid \lambda) = \left(\frac{\lambda}{2\pi}\right)^{\frac{k^2 m}{2}} \exp \left\{ -\frac{\lambda}{2} \sum_{i=1}^{m} \sum_{j=1}^{k^2} w_j^{(i)} \right\} \tag{5.19}$$

これは λ が与えられたときの $\mathbf{W}$ の事後確率であり,λ を正則化項と呼びます.

$\mathbf{W}$ と β との初期値であるそれぞれ $\mathbf{W}_1$,β_1 は,PCA を用いて求めます.PCA 後の最初の固有ベクトルと 2 番目の固有ベクトルを合わせて $\mathbf{U}$ とし,最小二乗法 (OLS) により以下の式が最小になるように $\mathbf{W}_1$ を求めます.

$$\frac{1}{2} \sum_{i=1}^{k^2} \left\| \Phi\left(\mathbf{z}^{(i)}\right) \mathbf{W}_1 - \mathbf{z}^{(i)} \mathbf{U} \right\|^2 \tag{5.20}$$

また β_1 は 3 番目の固有値を逆数にしたものです.

$\mathbf{W}$ と β が求まった後,すなわち GTM モデルが構築された後,あるサンプル $\mathbf{x}^{(i)}$ が 2 次元平面上の各グリッド点に存在する確率は,式 (5.15) の responsibility により計算できます.その後,グリッド点ごとの確率 (正規分布の重ね合わせで表される確率分布) から 2 次元平面上のサンプルの座標を決める方法は,以下の 2 通りです.

• mean (平均値):式 (5.15) の値を重みとした重み付き平均の値を座標とする

- mode (最頻値)：すべてのグリッド点の中で式 (5.15) の値が最も大きいグリッ
  ド点を座標とする

　GTM では，2 次元平面上のグリッド数 $((k×k)$ における $k)$，RBF の個数 $((q×q)$
における $q)$，RBF の分散 σ^2，正則化項 λ がハイパーパラメータであり，事前
に設定する必要があります．ハイパーパラメータを自動的に最適化する方法に，
5.3 節の k3n-error を用いた方法があります．事前に準備した k, q, σ^2, λ の候
補のすべての組み合わせで GTM モデルを構築し，それぞれ k3n-error を計算し
ます．k3n-error が最小となる k, q, σ^2, λ の組み合わせが最適なハイパーパラ
メータです．なお本書では，マップがある程度大きければ k は可視化の性能に
は大きく影響しないため $k = 30$ と固定し，q, σ^2, λ は以下の候補を用います．

q：2，4，6，8，10，12，14，16，28，20

σ^2：2^{-5}，2^{-3}，2^{-1}，2^1，2^3

λ：0，2^{-4}，2^{-3}，2^{-2}，2^{-1}

　GTM モデルを構築することにより，多次元空間における あるサンプルを 2 次
元平面上に写像できるだけでなく，2 次元平面上の点を多次元空間に変換する
こと (逆写像) もできます．ある $\mathbf{z}^{(i)}$ に対して，式 (5.6) により多次元平面上に逆
写像します．例えば，2 次元平面上で既存のサンプルがない (かつ目的変数が良
好な値になりそうな) 点を逆写像することで，新たな領域でのサンプル探索がで
きます．また，多次元空間におけるサンプル点と，それを写像した後に逆写像
した点との距離を確認することで，サンプル点が 2 次元平面とどれくらい近い
かがわかります．距離が大きい，2 次元平面から離れているサンプルは，適切
に写像されていない外れサンプルと考えられます．responsibility を考慮した逆
写像をするためには，まずサンプル $\mathbf{x}^{(i)}$ に対して，式 (5.15) の responsibility を
計算します．そして，2 次元平面上の各グリッド点に対応する responsibility を
式 (5.10) の重みとみなして，式 (5.10) を重み付き平均した座標が，対象とした
サンプルを逆写像した点となります．

　GTM のサンプルプログラム[6] は `05_04_gtm.py` です．サンプルデータセッ
トは `selected_descriptors_with_boiling_point.csv`[40] であり，一番左
の列が y，それ以外が x です．GTM によるデータセットの可視化には x のみを
用います．サンプルプログラムでは以下の設定ができます．

- `shape_of_map`：2 次元平面上のグリッド点の数 $(k \times k)$
- `shape_of_rbf_centers`：RBF の数 $(q \times q)$

- `variance_of_rbfs`：RBF の分散 (σ^2)
- `lambda_in_em_algorithm`：正則化項 (λ)
- `number_of_iterations`：EM アルゴリズムにおける繰り返し回数
- `display_flag`：EM アルゴリズムにおける進捗を表示する (True) かしない (Flase) か

実行すると，GTM モデルを構築し，mean と mode を計算します．mean と mode はそれぞれ 'gtm_means_....csv'，'gtm_modes_....csv' という csv ファイルに保存されます．ファイル名の '...' には，`shape_of_map`, `shape_of_rbf` `_centers`, `variance_of_rbfs`, `lambda_in_em_algorithm`, `number_of_i` `terations` の値が順に入っています．

その後，mean と mode それぞれの 2 次元散布図を作成することでデータセットの可視化をします (図 5.6)．今回のサンプルデータセットのように y があると，y (今回は沸点) の値に基づいてサンプルに色付けした図も作成されます．

サンプルデータセットと同様に x を整理したデータセットを csv ファイルとして準備し，そのファイル名をサンプルプログラム中の 'selected_descript` `ors_with_boiling_point.csv' と置き換えることで，ご自身のデータセットでも GTM によりデータセットの可視化ができます．ぜひご活用ください．このプログラムでは GTM におけるハイパーパラメータを手動で決める必要がありますが，次のプログラムでは 5.3 節の k3n-error を用いてハイパーパラメータを最適化できます．

k3n-error で GTM のハイパーパラメータを最適化するサンプルプログラム[6] は 05_04_gtm_k3nerror.py です．サンプルデータセットは selected_descri` `ptors_with_boiling_point.csv[40] であり，一番左の列が y，それ以外が x です．k3n-error で GTM のハイパーパラメータを最適化したり GTM によるデータセットの可視化をしたりするには x のみを用います．サンプルプログラムでは以下の設定ができます．

- `candidates_of_shape_of_map`：2 次元平面上のグリッド数のパラメータ k の候補
- `candidates_of_shape_of_rbf_centers`：RBF の個数のパラメータ q の候補
- `candidates_of_variance_of_rbfs`：RBF の分散 (σ^2) の候補
- `candidates_of_lambda_in_em_algorithm`：正則化項 (λ) の候補

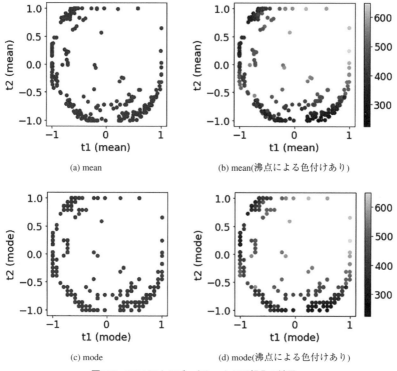

(a) mean

(b) mean(沸点による色付けあり)

(c) mode

(d) mode(沸点による色付けあり)

図 5.6 GTM によるデータセットの可視化の結果

- `number_of_iterations`：EM アルゴリズムにおける繰り返し回数
- `display_flag`：EM アルゴリズムにおける進捗を表示する (True) かしない (Flase) か
- `k_in_k3nerror`：k3n-error における *k*

実行すると，設定した各ハイパーパラメータ候補のすべての組み合わせで GTM モデルを構築し，k3n-error を計算します．そして k3n-error が最小となったハイパーパラメータの組み合わせを選択します．その後の流れは前述した GTM のサンプルプログラムと同様です．k3n-error で最適化したハイパーパラメータを用いるとデータセットの可視化の結果は図 5.7 のようになりました．図 5.6 と比較してサンプルが 2 次元平面全体に分布していることが確認できます．k3n-error によって適切なハイパーパラメータを選択できたといえます．

サンプルデータセットと同様に x を整理したデータセットを csv ファイルとして準備し，そのファイル名をサンプルプログラム中の 'selected_descrip♪

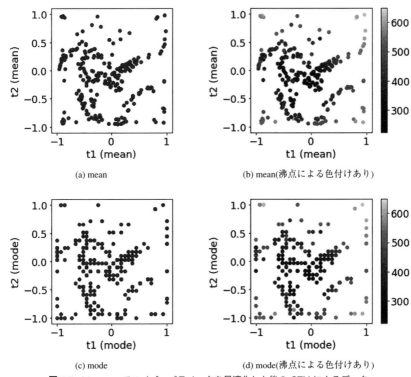

(a) mean

(b) mean(沸点による色付けあり)

(c) mode

(d) mode(沸点による色付けあり)

図 5.7 k3n-error でハイパーパラメータを最適化した後の GTM によるデータ
セットの可視化の結果

tors_with_boiling_point.csv' と置き換えることで，ご自身のデータセッ
トでも k3n-error で GTM のハイパーパラメータを最適化できます．ぜひご活用
ください．

クラスタリング

　クラスタリングもデータセットの可視化と同様に教師なし学習の一つです．本書ではクラスタリング手法の中で，混合ガウスモデル (Gaussian mixture model, GMM) と sparse generative topographic mapping (SGTM) の 2 つの手法を扱います．クラスタリングでは基本的にはクラスター数を事前に設定する必要がありますが，これらの手法ではベイズ情報量規準 (Bayesian information criterion：BIC) によりクラスター数を自動的に決めることができます．

6.1　クラスタリングのメリット

　クラスタリングのメリットは大きく分けると以下の 4 つです．
- 代表サンプルによるデータセットの可視化・見える化
- サンプル数の低減
- 外れ値 (外れサンプル) 検出
- サンプルの構造化・階層化

順に説明します．

代表サンプルによるデータセットの可視化・見える化

　クラスタリングをした後に，代表サンプル，例えばクラスターの平均に最も近いサンプルを選択することで，データセットからクラスターの数だけサンプルを選ぶことができます．データセットを可視化・見える化するときの問題として，多くのサンプルがある中でどのサンプルを確認すればよいのか，といったことがあります．代表サンプルのみを詳細に確認することで，そのデータセットはどんなサンプルで構成されているのか，データセットの可視化・見える化を達成できます．

■ サンプル数の低減

サンプル数が大きすぎると，すべてのサンプルを同時に解析できなかったり，解析時間が多くかかったりしてしまいます．こんなときは，クラスタリングした後に，各クラスターから少数のサンプルのみ選択して，それらのサンプルのみ使用することにより，サンプル数の低減 (省サンプル化) を達成できます．

■ 外れ値 (外れサンプル) 検出

クラスタリングをした後に各クラスターを確認すると，少数のサンプルのみで構成されるクラスターがあったりします．このようなクラスターのサンプルは，外れ値 (外れサンプル) と考えることもできます．このようにクラスタリングにより外れ値検出や外れサンプル検出を検討しやすくなります．

■ サンプルの構造化・階層化

クラスタリングにより，サンプルをクラスターごとに構造化したり，階層的クラスタリングにおいてはサンプルを階層的に表現したりできます．構造ごと，すなわちクラスターごとにサンプルを確認することで，類似したサンプル同士や，その構造の中で逆に似ていないサンプルや特徴量を確認します．このような類似性・非類似性に基づいてデータセットを解釈できるかもしれません．

クラスタリングのメリットは以上になります．なおクラスタリングのデメリットは，計算時間がかかることや教師なし学習のためクラスタリングの解釈のためには事前知識 (ドメイン知識) が必要になることと思います．

6.2 Gaussian mixture model (GMM)

Gaussian mixture model (GMM)[35] は複数の正規分布の重ね合わせによりデータセットを表現するモデルです．図 6.1(a) のようにデータセットのサンプルの分布に 2 つの塊 (クラスター) があると考えられるとき，図 6.1(b) のような 1 つの正規分布より図 6.1(c) の 2 つの正規分布のほうが，サンプルの分布を適切に表現できます．

あるサンプル $\mathbf{x}$ における特徴量の数を m としたとき，ある正規分布の確率密

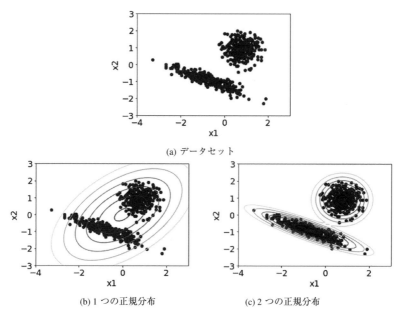

(a) データセット

(b) 1 つの正規分布　　　　　　(c) 2 つの正規分布

図 6.1　GMM のイメージ

度関数は以下の式で表されます.

$$N(\mathbf{x} \mid \boldsymbol{\mu}, \boldsymbol{\Sigma}) = \frac{1}{(2\pi)^{\frac{m}{2}}} \frac{1}{|\boldsymbol{\Sigma}|^{\frac{1}{2}}} \exp\left\{-\frac{1}{2}(\mathbf{x} - \boldsymbol{\mu})^{\mathrm{T}}\boldsymbol{\Sigma}^{-1}(\mathbf{x} - \boldsymbol{\mu})\right\} \tag{6.1}$$

ここで $\boldsymbol{\mu}$ は $\mathbf{x}$ の平均ベクトル, $\boldsymbol{\Sigma}$ は $\mathbf{x}$ の分散共分散行列です. 具体的には以下の式で表されます.

$$\boldsymbol{\mu} = \begin{pmatrix} \mu_1 & \mu_2 & \cdots & \mu_i & \cdots & \mu_m \end{pmatrix} \tag{6.2}$$

$$\boldsymbol{\Sigma} = \begin{pmatrix} \sigma_1^2 & \sigma_{1,2}^2 & \cdots & \sigma_{1,j}^2 & \cdots & \sigma_{1,m}^2 \\ \sigma_{2,1}^2 & \sigma_2^2 & \cdots & \sigma_{2,j}^2 & \cdots & \sigma_{2,m}^2 \\ \vdots & \vdots & \ddots & \vdots & & \vdots \\ \sigma_{i,1}^2 & \sigma_{i,2}^2 & \cdots & \sigma_{i,j}^2 & \cdots & \sigma_{i,m}^2 \\ \vdots & \vdots & & \vdots & \ddots & \vdots \\ \sigma_{m,1}^2 & \sigma_{m,2}^2 & \cdots & \sigma_{m,j}^2 & \cdots & \sigma_m^2 \end{pmatrix} \tag{6.3}$$

ここで μ_i は i 番目の x の平均値, σ_i^2 は i 番目の x の分散, $\sigma_{i,j}^2$ は i 番目の x と j 番目の x の間の共分散を表します. GMM における確率密度関数 $p(\mathbf{x})$ は複数の正規分布 (式 (6.1)) の重ね合わせであるため, $p(\mathbf{x})$ は以下の式で表されます.

$$p(\mathbf{x}) = \sum_{k=1}^{n} w_k N\left(\mathbf{x} \mid \mu_k, \Sigma_k\right) \tag{6.4}$$

ここで n は正規分布の数，μ_k，Σ_k は k 番目の正規分布におけるそれぞれ平均ベクトルと分散共分散行列です．w_k は k 番目の正規分布の重みであり，以下のような条件で与えられます．

$$0 \le w_k \le 1, \quad \sum_{k=1}^{n} w_k = 1 \tag{6.5}$$

μ_k，Σ_k，w_k は以下の対数尤度関数に基づく expectation-maximization (EM) アルゴリズム (5.4 節の GTM でも使用) により求められます．

$$
\begin{aligned}
\log L(\mathbf{X} \mid \mathbf{w}, \mu, \Sigma) &= \log\left\{\prod_{j=1}^{N}\sum_{k=1}^{n} w_k N\left(\mathbf{x}_j \mid \mu_k, \Sigma_k\right)\right\} \\
&= \sum_{j=1}^{N}\log\left\{\sum_{k=1}^{n} w_k N\left(\mathbf{x}_j \mid \mu_k, \Sigma_k\right)\right\}
\end{aligned}
\tag{6.6}
$$

式 (6.6) を μ_k，Σ_k，w_k で微分した式などの詳細に興味のある方はこちらのウェブサイト[35] をご覧ください．

GMM をはじめとするクラスタリングでは，クラスター数を解析者が事前に決める必要があります．ただ GMM ではモデルが確率密度関数として表せるため，BIC[46] という指標に基づいてクラスター数を決められます．まずクラスター数を $1, 2, 3, \ldots$ と振って GMM を行い，それぞれ以下の BIC を計算します．

$$\mathrm{BIC} = -2\log L(\mathbf{X} \mid \mathbf{w}, \mu, \Sigma) + M\log N \tag{6.7}$$

ここで M は GMM で推定するパラメータの数，N はサンプル数です．分散共分散行列 Σ_k に，共分散はすべて 0 や分散はすべて 1 といった制限を与えることで M が変化します．そして，BIC の値が最小となるクラスター数を，用いるクラスター数とします．

GMM モデルを構築した後，各サンプルがどのクラスターになるか考えます．GMM では，各サンプルの割り当てられた正規分布が，そのサンプルのクラスターとなります．n 個の正規分布があるとき，クラスター数も n 個です．

ここでクラスター変数 z を導入します．z は，サンプルごとに k 番目の正規分布における z の値 z_k だけ 1 で，他の正規分布に対応する z の値は 0 という変数です．あるサンプルにおいて $z_k = 1$ のとき，そのサンプルは k 番目のクラス

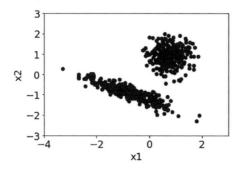

図 6.2 サンプルデータセットの分布

ターに属するといえます.

まだ対象とするサンプルが定まっていないとき, $z_k = 1$ となる確率 (事前確率) は, サンプル全体における各正規分布の重みである w_k です.

$$p(z_k = 1) = w_k \tag{6.8}$$

対象のサンプルを $\mathbf{x}$ とすると, 知りたいことは $\mathbf{x}$ が与えられたときに, $z_k = 1$ となる確率 (事後確率) $p(z_k = 1|\mathbf{x})$ です. ベイズの定理より, $p(z_k = 1|\mathbf{x})$ は以下のように変形できます.

$$
\begin{aligned}
p(z_k = 1 \mid \mathbf{x}) &= \frac{p(z_k = 1)\, p(\mathbf{x} \mid z_k = 1)}{\sum_{i=1}^{n} p(z_i = 1)\, p(\mathbf{x} \mid z_i = 1)} \\
&= \frac{w_k\, p(\mathbf{x} \mid z_k = 1)}{\sum_{i=1}^{n} w_i\, p(\mathbf{x} \mid z_i = 1)}
\end{aligned}
\tag{6.9}
$$

式 (6.9) における $p(\mathbf{x}|z_k = 1)$ とは, $z_k = 1$, すなわち k 番目の正規分布における $\mathbf{x}$ の確率であり, 式 (6.4) より $N(\mathbf{x}|\boldsymbol{\mu}_k, \boldsymbol{\Sigma}_k)$ です. よって式 (6.9) は以下の式になります.

$$p(z_k = 1 \mid \mathbf{x}) = \frac{w_k N(\mathbf{x} \mid \boldsymbol{\mu}_k, \boldsymbol{\Sigma}_k)}{\sum_{i=1}^{n} w_i N(\mathbf{x} \mid \boldsymbol{\mu}_i, \boldsymbol{\Sigma}_i)} \tag{6.10}$$

$k = 1$ から $k = n$ まで式 (6.10) で $p(z_k = 1|\mathbf{x})$ を計算し, 最も大きい $p(z_k = 1|\mathbf{x})$ となる k を $\mathbf{x}$ のクラスターとします.

GMM のサンプルプログラム[6] は 06_01_gmm.py です. サンプルデータセットは sample_dataset_gmm.csv[47] です. 2 つの特徴量があり, オートスケーリング後の散布図を図 6.2 に示します. サンプルプログラムは以下のとおりです.

```
import numpy as np
import pandas as pd
import matplotlib.pyplot as plt
```

```
from matplotlib.colors import LogNorm
from sklearn.mixture import GaussianMixture

# 設定 ここから
number_of_gaussians = 2 # 正規分布の数
covariance_type = 'spherical' # 分散共分散行列の種類
# 'full' : 各正規分布がそれぞれ別の一般的な分散共分散行列をもつ
# 'tied' : すべての正規分布が同じ一般的な分散共分散行列をもつ
# 'diag' : 各正規分布がそれぞれ別の，共分散がすべて0の分散共分散行列をもつ
# 'spherical' : 各正規分布がそれぞれ別の，共分散がすべて0で分散が同じ値の分♪
        散共分散行列をもつ
# 設定 ここまで

x = pd.read_csv('sample_dataset_gmm.csv', index_col=0) # データセットの読み込み

# オートスケーリング
autoscaled_x = (x - x.mean(axis=0)) / x.std(axis=0, ddof=1)
# プロット
plt.rcParams['font.size'] = 18
plt.scatter(autoscaled_x.iloc[:, 0], autoscaled_x.iloc[:, 1], c='blue')
plt.xlim(-4, 3)
plt.ylim(-3, 3)
plt.xlabel(x.columns[0])
plt.ylabel(x.columns[1])
plt.show()

# GMMモデリング
model = GaussianMixture(n_components=number_of_gaussians, covariance_type=♪
        covariance_type)
model.fit(autoscaled_x)

# クラスターへの割り当て
cluster_numbers = model.predict(autoscaled_x)
cluster_numbers = pd.DataFrame(cluster_numbers, index=x.index,
columns=['cluster numbers'])
cluster_numbers.to_csv('cluster_numbers_gmm_{0}_{1}.csv'.format(number_of_♪
        gaussians, covariance_type))
cluster_probabilities = model.predict_proba(autoscaled_x)
cluster_probabilities = pd.DataFrame(cluster_probabilities, index=x.index)
cluster_probabilities.to_csv('cluster_probabilities_gmm_{0}_{1}.csv'.format(♪
        number_of_gaussians, covariance_type))

# プロット
x_axis = np.linspace(-4.0, 3.0)
y_axis = np.linspace(-3.0, 3.0)
```

```
X, Y = np.meshgrid(x_axis, y_axis)
XX = np.array([[X.ravel(), Y.ravel()]]).T
Z = -model.score_samples(XX)
Z = Z.reshape(X.shape)
CS = plt.contour(
    X, Y, Z, norm=LogNorm(vmin=1.0, vmax=7.1), levels=np.logspace(0, 0.85, 8)
)
plt.scatter(autoscaled_x.iloc[:, 0], autoscaled_x.iloc[:, 1], c='blue')
plt.xlim(-4, 3)
plt.ylim(-3, 3)
plt.xlabel(x.columns[0])
plt.ylabel(x.columns[1])
plt.show()
```

サンプルプログラムでは以下の設定ができます.

- number_of_gaussians：正規分布の数
- covariance_type：分散共分散行列 (式 (6.3)) の種類

分散共分散行列 (式 (6.3)) の種類は以下のとおりです.

- 'full'：各正規分布がそれぞれ別の一般的な分散共分散行列をもつ
- 'tied'：すべての正規分布が同じ一般的な分散共分散行列をもつ
- 'diag'：各正規分布がそれぞれ別の, 共分散がすべて 0 の分散共分散行列をもつ
- 'spherical'：各正規分布がそれぞれ別の, 共分散がすべて 0 で分散が同じ値の分散共分散行列をもつ

実行すると, GMM モデルを構築し, クラスタリングが行われます. サンプルごとの割り当てられたクラスター番号と各クラスターに所属する確率がそれぞれ 'cluster_numbers_gmm_....csv', 'cluster_probabilities_gmm_♪...csv' という csv ファイルに保存されます. ファイル名の '...' には, numbe♪r_of_gaussians, covariance_type が順に入っています.

その後, 対数尤度を等高線で示した散布図が作成されます. 分散共分散行列を 'full' として, 正規分布の数を 1, 2, 3, 4 と変えて GMM を実行して作成した散布図を図 6.3 に示します. 散布図より, 今回のサンプルデータセットでは 2 つの正規分布で十分であり, 的確にデータセットの分布を表現できていることがわかります. 正規分布の数を 2 として, 分散共分散行列を変えて GMM を実行して作成した散布図を図 6.4 に示します. 散布図より, 今回のサンプルデータセットでは 'full' により的確にデータセットの分布を表現できていることが

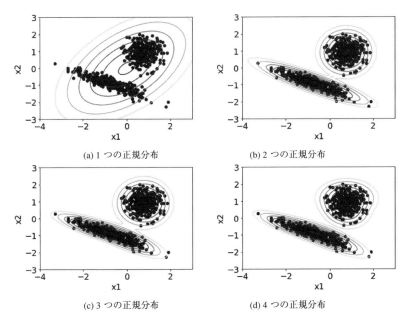

(a) 1 つの正規分布

(b) 2 つの正規分布

(c) 3 つの正規分布

(d) 4 つの正規分布

図 6.3 正規分布の数を変えたときの GMM の結果 (分散共分散行列の種類は 'full')

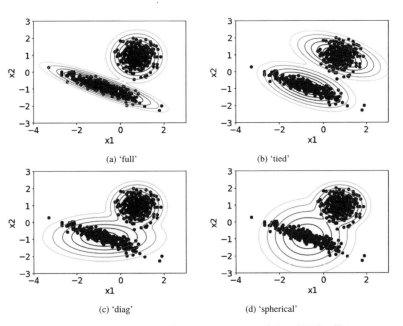

(a) 'full'

(b) 'tied'

(c) 'diag'

(d) 'spherical'

図 6.4 分散共分散行列の種類を変えたときの GMM の結果 (正規分布の数は 2)

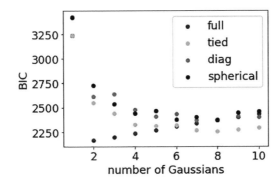

図 6.5 正規分布の数ごと，分散共分散行列の種類ごとの BIC の値

わかります.

　サンプルデータセットと同様に x を整理したデータセットを csv ファイルと
して準備し，そのファイル名をサンプルプログラム中の 'sample_dataset_gm♪
m.csv' と置き換えることで，ご自身のデータセットでも GMM によりクラス
タリングができます．ぜひご活用ください．このプログラムでは GMM におけ
る正規分布の数や分散共分散行列の種類を手動で決める必要がありますが，次
のプログラムでは BIC を用いてハイパーパラメータを最適化できます.

　BIC で GMM における正規分布の数と分散共分散行列の種類を最適化する
サンプルプログラム[6] は 06_01_gmm_bic.py です．サンプルデータセットは
06_01_gmm.py と同様の sample_dataset_gmm.csv[47] です．サンプルプログ
ラムでは以下の設定ができます.

- numbers_of_gaussians：正規分布の数の候補
- covariance_types：分散共分散行列の種類の候補

　実行すると，設定した各ハイパーパラメータ候補のすべての組み合わせで
GMM モデルを構築し，BIC を計算します．そして BIC が最小となった正規分
布の数と分散共分散行列の種類の組み合わせを選択します．正規分布の数ごと，
分散共分散行列の種類ごとの BIC の値のプロットを図 6.5 に示します．今回の
データセットでは，BIC で最適化した正規分布の数と分散共分散行列の種類は,
それぞれ 2 と 'full' になりました．その後の流れは前述した GMM のサンプル
プログラムと同様です.

　サンプルデータセットと同様に x を整理したデータセットを csv ファイルと
して準備し，そのファイル名をサンプルプログラム中の 'sample_dataset_gm♪

m.csv' と置き換えることで，ご自身のデータセットでも BIC により GMM に
おける正規分布の数と分散共分散行列の種類を最適化できます．ぜひご活用く
ださい．

6.3　sparse generative topographic mapping (SGTM)

5.4 節の generative topographic mapping (GTM) のアルゴリズムを修正すること
で，データの可視化とクラスタリングを同時に行えるようになった手法 sparse
generative topographic mapping (SGTM)[48] について説明します．5.4 節の GTM をま
だ読んでいない方はそちらからお読みください．GTM では，2 次元平面のマッ
プの大きさが $k \times k$ のとき，マップ上の各グリッド点に対応する正規分布 (基
底関数) の重みはなく，すなわち重みは一定ですべて $1/k^2$ といえます (すべて
足し合わせると 1 になります)．一方で SGTM では重み w_i を設定して可変にし
ます．これは 6.2 節の GMM の各正規分布の重み w_i と同じ意味です．そして，
GTM の W と β だけでなく，w_i も EM アルゴリズムで最適化します．結果的に
$w_i = 0$ となったグリッド点はデータの可視化に寄与せず，w_i が 0 でない正規分
布の数がクラスター数になります．

さらに，クラスター数を最適化するため，クラスター数を一つずつ減らしな
がら BIC を計算し，BIC が最小となるクラスター数を最適クラスター数としま
す．これにより，SGTM によってデータの可視化とクラスタリングの両方を同
時に達成できます．

具体的に SGTM を導きます．GMM と同様に i 番目のグリッド点を中心とす
る正規分布の重みを w_i とし，w を，$w_1, w_2, \ldots, w_{k^2}$ のベクトルとすると，GTM
の式 (5.9) の確率密度分布は，SGTM では $p(\mathbf{x}|\mathbf{W}, \beta, \mathbf{w})$ と表され以下の式になり
ます．

$$p(\mathbf{x} \mid \mathbf{W}, \beta, \mathbf{w}) = \sum_{i=1}^{k^2} w_i p\left(\mathbf{x} \mid \mathbf{z}^{(i)}, \mathbf{W}, \beta\right) \tag{6.11}$$

ただし w_i には以下のような制約条件があります．

$$0 \le w_i \le 1, \quad \sum_{i=1}^{k^2} w_i = 1 \tag{6.12}$$

式 (6.11) より，GTM の式 (5.12) に対応する尤度関数は，SGTM では以下の式

で与えられます.

$$L(\mathbf{W}, \beta, \mathbf{w}) = \sum_{i=1}^{n} \log \left\{ p\left(\mathbf{x}^{(i)} \mid \mathbf{W}, \beta, \mathbf{w}\right) \right\}$$

$$= \sum_{i=1}^{n} \log \left\{ \sum_{j=1}^{k^2} w_i p\left(\mathbf{x}^{(i)} \mid \mathbf{z}^{(j)}, \mathbf{W}, \beta\right) \right\} \tag{6.13}$$

$$= \sum_{i=1}^{n} \log \left\{ \left(\frac{\beta}{2\pi}\right)^{\frac{m}{2}} \sum_{j=1}^{k^2} w_i \exp\left\{ -\frac{\beta}{2} \left\| \Phi\left(\mathbf{z}^{(j)}\right) \mathbf{W} - \mathbf{x}^{(i)} \right\|^2 \right\} \right\}$$

ここで n はサンプルの数です. この $L(\mathbf{W}, \beta, \mathbf{w})$ を最大化するように $\mathbf{W}$, β, $\mathbf{w}$ を求めます. GTM と同様にして EM アルゴリズムで $\mathbf{W}$, β, $\mathbf{w}$ を計算します.

EM アルゴリズムの E ステップにおける条件付き確率であり, あるサンプル $\mathbf{x}^{(i)}$ に対応する各グリッド $\mathbf{z}^{(j)}$ の確率を以下の式のように R とします.

$$R_{\mathbf{x}^{(i)}, \mathbf{z}^{(j)}}(\mathbf{W}, \beta, \mathbf{w}) = p\left(\mathbf{z}^{(j)} \mid \mathbf{x}^{(i)}, \mathbf{W}, \beta, \mathbf{w}\right) \tag{6.14}$$

ベイズの定理に基づいて, 式 (6.14) は以下のように変形できます.

$$R_{\mathbf{x}^{(i)}, \mathbf{z}^{(i)}}(\mathbf{W}, \beta, \mathbf{w}) = \frac{w_j p\left(\mathbf{x}^{(i)} \mid \mathbf{z}^{(j)}, \mathbf{W}, \beta\right)}{\sum_{r=1}^{k^2} w_j p\left(\mathbf{x}^{(i)} \mid \mathbf{z}^{(r)}, \mathbf{W}, \beta\right)} \tag{6.15}$$

与えられた $\mathbf{W}$, β, $\mathbf{w}$ から responsibility を計算するのが E ステップです.

EM アルゴリズムにおける繰り返し計算の a 回目の $\mathbf{W}$, β, $\mathbf{w}$ をそれぞれ $\mathbf{W}_a$, β_a, $\mathbf{w}_a$ とします. EM アルゴリズムの M ステップで最大化すべき完全データの尤度関数 $L_{\text{complete}}(\mathbf{W}, \beta, \mathbf{w})$ は以下の式で与えられます.

$$L_{\text{complete}}(\mathbf{W}, \beta, \mathbf{w}) = \sum_{i=1}^{n} \sum_{j=1}^{k^2} R_{\mathbf{x}^{(i)}, \mathbf{z}^{(j)}}\left(\mathbf{W}_a, \beta_a, \mathbf{w}_a\right) \log \left\{ \pi^{(j)} p\left(\mathbf{x}^{(i)} \mid \mathbf{z}^{(j)}, \mathbf{W}, \beta, \mathbf{w}\right) \right\}$$

$$\tag{6.16}$$

$L_{\text{complete}}(\mathbf{W}, \beta, \mathbf{w})$ が最大値ということは, $L_{\text{complete}}(\mathbf{W}, \beta, \mathbf{w})$ が極大値ということであるため, $L_{\text{complete}}(\mathbf{W}, \beta, \mathbf{w})$ を $\mathbf{W}$ で微分して 0 とします. このときの $\mathbf{W}$ を $\mathbf{W}_{a+1}$ とすると, 以下の式になります.

$$\sum_{i=1}^{n} \sum_{j=1}^{k^2} R_{\mathbf{x}^{(i)}, \mathbf{z}^{(j)}}\left(\mathbf{W}_a, \beta_a, \mathbf{w}_a\right) \left\{ \Phi\left(\mathbf{z}^{(j)}\right) \mathbf{W}_{a+1} - \mathbf{x}^{(i)} \right\} \Phi^{\mathsf{T}}\left(\mathbf{z}^{(j)}\right) = 0 \tag{6.17}$$

$L_{\text{complete}}(\mathbf{W}, \beta, \mathbf{w})$ を β で微分して 0 とします. このときの β を β_{a+1} とすると, 以下の式になります.

$$\frac{1}{\beta_{a+1}} = \frac{1}{mn} \sum_{i=1}^{n} \sum_{j=1}^{k^2} R_{\mathbf{x}^{(i)}, z^{(j)}} (\mathbf{W}_a, \beta_a, \pi_a) \left\| \Phi\left(\mathbf{z}^{(j)}\right) \mathbf{W}_{a+1} - \mathbf{x}^{(i)} \right\|^2 \tag{6.18}$$

$\mathbf{w}_i$ に関しては，$L_{\text{complete}}(\mathbf{W}, \beta, \mathbf{w})$ を式 (6.12) の制約条件のもとで最大化するため，ラグランジュの未定乗数法を用います．ラグランジュ乗数を γ として，最大化する関数を $G(\mathbf{w}, \gamma)$ とすると以下の式で与えられます．

$$G(\mathbf{w}, \gamma) = L_{\text{complete}}(\mathbf{W}, \beta, \mathbf{w}) - \gamma \left(\sum_{i=1}^{k^2} w_i - 1 \right) \tag{6.19}$$

$G(\mathbf{w}, \gamma)$ を w_j で偏微分した式が 0 より，以下の式が成り立ちます．

$$\sum_{i=1}^{n} R_{\mathbf{x}^{(i)}, \mathbf{z}^{(j)}} (\mathbf{W}_a, \beta_a, \mathbf{w}_a) - \gamma w_j = 0 \tag{6.20}$$

式 (6.20) を j について 1 から k^2 まで和をとると，以下のように変形できます．

$$\sum_{i=1}^{n} \sum_{j=1}^{k^2} (\mathbf{W}_a, \beta_a, \mathbf{w}_a) - \gamma \sum_{j=1}^{k^2} w_j = 0$$
$$n - \gamma = 0 \tag{6.21}$$
$$\gamma = n$$

よって式 (6.21) を式 (6.20) に代入することにより，$L_{\text{complete}}(\mathbf{W}, \beta, \mathbf{w})$ を最大化する $w_{i,a+1}$ は以下の式で与えられます．

$$w_{j,a+1} = \frac{1}{n} \sum_{i=1}^{n} R_{\mathbf{x}^{(i)}, \mathbf{z}^{(j)}} (\mathbf{W}_a, \beta_a, \mathbf{w}_a) \tag{6.22}$$

E ステップと M ステップ，すなわち式 (6.15) と式 (6.17)，(6.18)，(6.22) の繰り返し計算によって $\mathbf{W}, \beta, \mathbf{w}$ を計算します．ただし，GTM と同様にして $\mathbf{W}$ の大きさには以下のように制約を与えます．

$$p(\mathbf{W} \mid \lambda) = \left(\frac{\lambda}{2\pi}\right)^{\frac{k^2 m}{2}} \exp\left\{ -\frac{\lambda}{2} \sum_{i=1}^{m} \sum_{j=1}^{k^2} w_j^{(i)} \right\} \tag{6.23}$$

これは λ が与えられたときの $\mathbf{W}$ の事後確率であり，λ を正則化項と呼びます．

$\mathbf{W}$ と β との初期値であるそれぞれ $\mathbf{W}_1, \beta_1$ は，主成分分析 (PCA) を用いて求めます．PCA 後の最初の固有ベクトルと 2 番目の固有ベクトルを合わせて $\mathbf{U}$ とし，最小二乗法（OLS）により以下の式が最小になるように $\mathbf{W}_1$ を求めます．

$$\frac{1}{2} \sum_{i=1}^{k^2} \left\| \Phi\left(\mathbf{z}^{(i)}\right) \mathbf{W}_1 - \mathbf{z}^{(i)} \mathbf{U} \right\|^2 \tag{6.24}$$

また β_1 は 3 番目の固有値を逆数にしたものです. w_i との初期値である $w_{i,1}$ はすべて $1/k^2$ とします.

$W, \beta, \mathbf{w}$ が求まった後, すなわち SGTM モデルが構築された後, あるサンプル $\mathbf{x}^{(i)}$ が 2 次元平面上の各グリッド点に存在する確率は, 式 (6.15) の responsibility により計算できます. その後, グリッド点ごとの確率 (正規分布の重ね合わせで表される確率分布) から 2 次元平面上のサンプルの座標を決める方法は, 以下の 2 通りです.

- mode (最頻値):すべてのグリッド点の中で式 (6.15) の値が最も大きいグリッド点を座標とする
- mean (平均値):式 (6.15) の値を重みとした重み付き平均の値を座標とする

SGTM では, マップのサイズ k, RBF の個数 p (もしくは $p = q \times q$ の q), RBF の分散 σ^2, 正則化項 λ がハイパーパラメータであり, 事前に設定する必要があります. ハイパーパラメータを自動的に最適化する方法に, 5.3 節の k-nearest neighbor normarized error for visualization and reconstruction (k3n-error) を用いた方法があります. 事前に準備した k, q, σ^2, λ の候補のすべての組み合わせで SGTM モデルを構築し, それぞれ k3n-error を計算します. k3n-error が最小となる k, q, σ^2, λ の組み合わせが最適なハイパーパラメータです. なお本書では, マップがある程度大きければ k は可視化の性能には大きく影響しないため $k = 30$ と固定し, q, σ^2, λ は以下の候補を用います.

q : 2, 4, 6, 8, 10, 12, 14, 16, 28, 20

σ^2 : 2^{-5}, 2^{-3}, 2^{-1}, 2^1, 2^3

λ : 2^{-4}, 2^{-3}, 2^{-2}, 2^{-1}

SGTM によるクラスタリングとしては, $w_i = 0$ となる (i 番目の) のグリッド点はデータの可視化に寄与せず, w_i が 0 以外のグリッド点 (正規分布) の数がクラスター数になります. しかし, クラスターの候補が k^2 個ということからクラスター数が大きくなることが多く, またそのクラスター数は可視化の観点から尤度を最大化するよう決められたものであり, クラスタリングの観点からは最適値とはいえません. そこで, BIC (6.2 節参照) を基準にしてクラスター数を最適化します. クラスター数を一つずつ減らしながら BIC を計算し, BIC が最小となるクラスター数を最適クラスター数とします.

最初に SGTM モデルおよびモデルを構築したサンプルを用いて, 式 (6.13) の尤度関数の値を計算し, それに基づいて BIC を計算します. 次に, w_i の値が 0

ではありませんが最も値の小さいクラスターを選択します. このクラスターの w_i を 0 にすることでクラスターを一つ減らしますが, 同時に式 (6.12) を満たすようにするため, 対象のクラスターの w_i を, w_i が 0 でないクラスターに等しく割り振ります. すなわち, w_i の合計が 1 になるように, w_i/d を w_i が 0 でない各クラスターの w_i に足します. ここで d は w_i が 0 でないクラスターの数です. その後, 再び式 (6.13) を計算し, BIC を計算します. これをクラスターの数が 0 になるまで繰り返すことで, クラスター数ごとの BIC の値が得られます. そして, BIC の値が最も小さくなるクラスター数を最適クラスター数とします.

最適クラスター数が決まりましたら, そのクラスター数の w_i を用いてサンプルごとに responsibility を計算します. その値が最大のグリッド点が, サンプルごとに割り当てられるクラスターになります.

以上により, SGTM によりデータセットの可視化とクラスタリングの両方が同時に達成されます. なお SGTM でも GTM と同様にして, 多次元空間におけるあるサンプルを 2 次元平面上に写像できるだけでなく, 2 次元平面上の点を多次元空間に変換すること (逆写像) もできます. 詳細は 5.4 節をご覧ください.

SGTM のサンプルプログラム[6] は `06_02_sgtm.py` です. サンプルデータセットは `selected_descriptors_with_boiling_point.csv`[40] であり, 一番左の列が y, それ以外が x です. SGTM によるデータセットの可視化とクラスタリングには x のみを用います. サンプルプログラムでは以下の設定ができます.

- `shape_of_map`:2 次元平面上のグリッド点の数 ($k \times k$)
- `shape_of_rbf_centers`:RBF の数 ($q \times q$)
- `variance_of_rbfs`:RBF の分散 (σ^2)
- `lambda_in_em_algorithm`:正則化項 (λ)
- `number_of_iterations`:EM アルゴリズムにおける繰り返し回数
- `display_flag`:EM アルゴリズムにおける進捗を表示する (True) かしない (Flase) か

実行すると, SGTM モデルを構築し, mean と mode を計算します. mean と mode はそれぞれ 'sgtm_means_....csv', 'sgtm_modes_....csv' という csv ファイルに保存されます. ファイル名の '...' には, `shape_of_map`, `shape_of_rbf_centers`, `variance_of_rbfs`, `lambda_in_em_algorithm`, `number_of_iterations` の値が順に入っています.

その後, mean と mode それぞれの 2 次元散布図を作成することでデータセッ

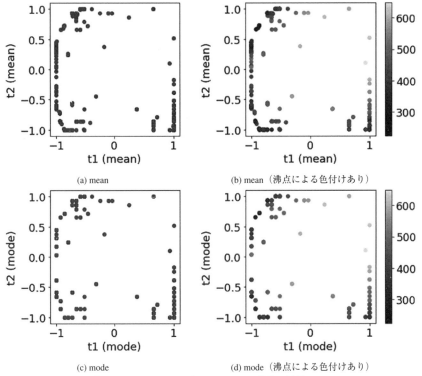

(a) mean

(b) mean（沸点による色付けあり）

(c) mode

(d) mode（沸点による色付けあり）

図 6.6 SGTM によるデータセットの可視化の結果

トの可視化をします (図 6.6). 今回のサンプルデータセットのように y がある
と，y (今回は沸点) の値に基づいてサンプルに色付けした図も作成されます.

　データセットの可視化に続いて，クラスタリングが行われます. まずは，ク
ラスター数を一つずつ減らしながら BIC を計算し，クラスター数と BIC の関
係を図示します (図 6.7). そして BIC が最小となるクラスター数を最適クラス
ター数とします. 最適化されたクラスター数が表示されるため確認しましょう.
最適化されたクラスター数におけるクラスター番号が，'cluster_numbers_s♪
gtm_....csv' という csv ファイルに保存されます. ファイル名の '...' には,
shape_of_map, shape_of_rbf_centers, variance_of_rbfs, lambda_in♪
_em_algorithm, number_of_iterations の値が順に入っています. 最後に
クラスター番号で色付けした mean と mode それぞれの 2 次元散布図が作成され
ます (図 6.8). 同じクラスターのサンプルが近くに分布していることを確認でき
ます.

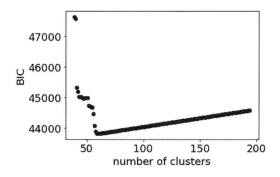

図 6.7 SGTM におけるクラスター数と BIC の関係

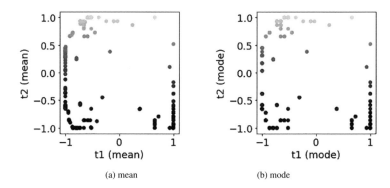

(a) mean   (b) mode

図 6.8 SGTM によるデータセットの可視化の結果 (クラスター番号による色
付けあり)

　サンプルデータセットと同様に x を整理したデータセットを csv ファイルとし
て準備し，そのファイル名をサンプルプログラム中の 'selected_descriptor⤸
s_with_boiling_point.csv' と置き換えることで，ご自身のデータセットで
も SGTM によりデータセットの可視化とクラスタリングができます．ぜひご活
用ください．このプログラムでは SGTM におけるハイパーパラメータを手動で
決める必要がありますが，5.4 節の GTM と同様にして，k3n-error を用いてハイ
パーパラメータを最適化できます．サンプルプログラムは 06_02_sgtm_k3ne⤸
rror.py です．5.4 節の 05_04_gtm_k3nerror.py や本節の 06_02_sgtm.py
を参考にしてご利用ください．

回帰分析とクラス分類

　説明変数 (特徴量・分子記述子・実験条件・合成条件・製造条件・プロセス変数など) x と目的変数 (活性・物性・特性など) y との間で数理モデル y = f(x) を，データセット (サンプル群) を用いて回帰分析やクラス分類により構築します．構築された数理モデルは x の値を入力して y の値を予測したり (モデルの順解析)，逆に y が目標値になるような x を予測したり (モデルの逆解析) するために用いられます．そのため，予測精度の高いモデルを構築する必要があります．本章では予測精度の高いモデルを構築することを踏まえて，回帰分析やクラス分類をする際に必要なことや注意することについて説明します．

7.1　定性的な特徴量を定量的な特徴量に変換する方法

　教師あり学習には，大きく分けてクラス分類と回帰分析があります．目的変数 y が連続値であれば回帰分析，カテゴリーであればクラス分類です．特徴量のレベルとしては，回帰分析の y が間隔尺度もしくは比例尺度，クラス分類の y が名義尺度もしくは順序尺度です[49]．なおクラス分類でも回帰分析でも，説明変数 x の特徴量は間隔尺度もしくは比例尺度である必要があります．

　カテゴリーのデータを連続値に変えることで，クラス分類の y を回帰分析の y に変換します．名義尺度もしくは順序尺度の特徴量を，間隔尺度に変換できるため，サンプルごとのカテゴリーの情報を x として使用したい場合にも使える方法です．

　図 7.1 のあやめのデータセットで説明します．ここでは見やすくするため，あやめのサンプルを減らしています．一番左に，あやめの種類 (setosa, versicolor, virginica) というカテゴリーの情報があります．クラス分類では，これが y になります．これを回帰分析のためのデータにするには，図 7.2 のように変換しま

	Species	Sepal.Length	Sepal.Width	Petal.Length	Petal.Width
sample1	setosa	5.1	3.5	1.4	0.2
sample2	setosa	4.9	3	1.4	0.2
sample3	setosa	4.7	3.2	1.3	0.2
sample4	setosa	4.6	3.1	1.5	0.2
sample5	setosa	5	3.6	1.4	0.2
sample6	versicolor	7	3.2	4.7	1.4
sample7	versicolor	6.4	3.2	4.5	1.5
sample8	versicolor	6.9	3.1	4.9	1.5
sample9	versicolor	5.5	2.3	4	1.3
sample10	virginica	6.3	3.3	6	2.5
sample11	virginica	5.8	2.7	5.1	1.9
sample12	virginica	7.1	3	5.9	2.1
sample13	virginica	6.3	2.9	5.6	1.8
sample14	virginica	6.5	3	5.8	2.2
sample15	virginica	7.6	3	6.6	2.1

図 7.1 あやめのデータセット

	setosa	versicolor	virginica	Sepal.Length	Sepal.Width	Petal.Length	Petal.Width
sample1	1	0	0	5.1	3.5	1.4	0.2
sample2	1	0	0	4.9	3	1.4	0.2
sample3	1	0	0	4.7	3.2	1.3	0.2
sample4	1	0	0	4.6	3.1	1.5	0.2
sample5	1	0	0	5	3.6	1.4	0.2
sample6	0	1	0	7	3.2	4.7	1.4
sample7	0	1	0	6.4	3.2	4.5	1.5
sample8	0	1	0	6.9	3.1	4.9	1.5
sample9	0	1	0	5.5	2.3	4	1.3
sample10	0	0	1	6.3	3.3	6	2.5
sample11	0	0	1	5.8	2.7	5.1	1.9
sample12	0	0	1	7.1	3	5.9	2.1
sample13	0	0	1	6.3	2.9	5.6	1.8
sample14	0	0	1	6.5	3	5.8	2.2
sample15	0	0	1	7.6	3	6.6	2.1

図 7.2 ダミー変数を用いたときのあやめのデータセット

す．setosa, versicolor, virginica それぞれについて，1 もしくは 0 が入る特徴量になっていることがわかります．例えば sample1 は setosa であるため，setosa の特徴量だけ 1 で，他の versicolor と virginica の特徴量は 0 になります．このような特徴量のことをダミー変数や one-hot 表現や one-hot ベクトルと呼びます．

　クラスごとに，そのクラスのサンプルだけ 1 になるような 0, 1 のダミー変数に変換することで，クラス分類の問題を回帰分析の問題に変換できます．クラスの数が回帰分析における y の数になり，複数の y が存在する回帰分析になります．y ごとに回帰モデルを構築しても，Gaussian mixture regression (GMR, 10.9 節参照) などの複数の y を同時に扱える手法を用いて一つの回帰モデルを構築

	Species	Sepal.Length	Sepal.Width	Petal.Length	Petal.Width
sample1	1	5.1	3.5	1.4	0.2
sample2	1	4.9	3	1.4	0.2
sample3	1	4.7	3.2	1.3	0.2
sample4	1	4.6	3.1	1.5	0.2
sample5	1	5	3.6	1.4	0.2
sample6	2	7	3.2	4.7	1.4
sample7	2	6.4	3.2	4.5	1.5
sample8	2	6.9	3.1	4.9	1.5
sample9	2	5.5	2.3	4	1.3
sample10	3	6.3	3.3	6	2.5
sample11	3	5.8	2.7	5.1	1.9
sample12	3	7.1	3	5.9	2.1
sample13	3	6.3	2.9	5.6	1.8
sample14	3	6.5	3	5.8	2.2
sample15	3	7.6	3	6.6	2.1

図 7.3 クラス分類 → 回帰分析の誤った変換の例

してもよいです.

注意点として,図 7.3 のようにしてはいけません.一見,Species は数字である
ためこれを y にして回帰分析できそうですが,これは名義尺度であり回帰分析の
y として使うことはできません.virginica と setosa の差 (3 − 1 = 2) が,versicolor
と setosa の差 (2 − 1 = 1) の 2 倍あるわけではないことからも,理解できると思
います.

今回説明した方法は,名義尺度もしくは順序尺度を間隔尺度に変換する方法
です.例えば x にカテゴリーの定性的な特徴量があるとき,そのままでは x と
して使えませんが,今回の方法でカテゴリーごとに 0, 1 の特徴量に変換すれば,
x として使用できます.ぜひご活用ください.

文字列の特徴量をダミー変数に変換するサンプルプログラム[6] は 07_01_dum
my.py です.サンプルプログラムは以下のとおりです.

```python
import numpy as np
import pandas as pd

x = pd.read_csv('iris.csv', index_col=0) # データセットの読み込み
number_variable_numbers = np.where(x.dtypes != object)[0]
str_variable_numbers = np.where(x.dtypes == object)[0]

if len(number_variable_numbers) != 0:
    x_with_dummy_variables = x.iloc[:, number_variable_numbers].copy()
else:
```

```
    x_with_dummy_variables = pd.DataFrame([])

if len(str_variable_numbers) != 0:
    category_variables = x.iloc[:, str_variable_numbers].copy()
    dummy_variables = pd.get_dummies(category_variables)
    x_with_dummy_variables = pd.concat([x_with_dummy_variables, dummy_variables],♪
        axis=1)
    x_with_dummy_variables.to_csv('x_with_dummy_variables.csv')
```

　サンプルデータセットは iris.csv[36] です．実行すると，文字列の特徴量を
検出し，ダミー変数に変換した後に，数値の特徴量と結合し，x_with_dummy_♪
variables.csv というファイルに保存されます．

　サンプルデータセットと同様に x を整理したデータセットを csv ファイルと
して準備し，そのファイル名をサンプルプログラム中の 'iris.csv' と置き換
えることで，ご自身のデータセットでも文字列の特徴量をダミー変数に変換で
きます．ぜひご活用ください．

7.2 回帰分析からクラス分類へ，またはクラス分類から回帰分析へ変換するときのメリットとデメリット

　説明変数 x と目的変数 y との間でモデル y = f(x) を構築することがあります．
y が連続値の特徴量のときは回帰分析，y がカテゴリーの特徴量のときはクラ
ス分類です．y が連続値のときに y をカテゴリーに変換することでクラス分類
にしたり，y がカテゴリーのときに y を値に変換することで回帰分析にしたり
(7.1 節参照) することもできます．

　まず回帰分析からクラス分類に変換する場合について考えます．例えば一つ
のしきい値を決めて，しきい値以上のサンプルは 1 のクラス，しきい値未満の
サンプルは –1 のクラスとすることで，y を値からカテゴリーに変換できます．
このデメリットとしては，y の情報量が小さくなることです．例えば y の値が
–10 から 10 まで分散していて，しきい値を 0 にしたとき，y が 0.1 だったサン
プルも，5 だったサンプルも，10 だったサンプルも，1 のクラスになります．y
が大きいか小さいか (1 か –1) といった定性的な予測はできますが，大きいとき
にどれくらい大きいかといった定量的な予測はできません．

　y の情報量が小さくなるといったデメリットがある一方で，以下のようなメ
リットもあります．

- オーバーフィッティング (過学習) が起こりにくくなる
- モデルの設計がしやすくなる
- クラス分類特有の手法が使えるようになる

順に説明します.

多くの場合, y は何らかの測定値であり, 測定誤差などのノイズがあります. 各サンプルの y の値を, 1 や −1 として丸め込むことで, そのノイズの一部を無視できます. ノイズが低減することで, モデル構築の際にオーバーフィッティングが起こりにくくなります.

回帰分析の手法と比較して, クラス分類の手法のほうがシンプルな場合が多く, モデルの設計がしやすいです. 例えば, ガウシアンカーネルを用いたサポートベクター回帰 (SVR)[19] と, 同じくガウシアンカーネルを用いたサポートベクターマシン (SVM)[18] を比べたとき, SVR にはハイパーパラメータが 3 つもありますが, SVM では 2 つと少ないです. SVR より SVM のほうがモデルを設計しやすいといえます.

クラス分類特有の手法が使えるのもメリットです. 例えば半教師あり学習において, 回帰分析よりもクラス分類のほうが, 多くの手法があります. その理由の根底にあるのは, クラス分類であれば, y のあるサンプル (ラベル付きサンプル) と類似した y のないサンプル (ラベルなしサンプル) とは同じクラスであるという仮定は妥当な場合が多いですが, 回帰分析においては, y のないサンプルに関する y の実測値の情報は全く得られない, ということです (7.6 節参照). 例えば回帰モデルにより y の予測値を計算できますが, 実測値と離れているかもしれませんし, 離れていないかもしれません. 仮に, 半教師あり学習に使用する y のないサンプルにおける, y の予測値以上の (実測値に関する) 有益な情報が得られるのであれば, 学習に使用するのではなく, まさに y の予測に使用するべきともいえます.

次に, クラス分類から回帰分析に変換する場合です. ただ, このときのメリット・デメリットは, 基本的に上の回帰分析をクラス分類にするときのメリット・デメリットの裏返しになります. デメリットとしては以下の 3 つが挙げられます.

- (y の数が増えて) オーバーフィッティングが起こりやすくなる
- クラス分類特有の手法が使えなくなる
- モデル設計がしにくくなる

一方メリットは以下のとおりです．

- 回帰分析の手法が使えるようになる
- 情報量が大きくなる

クラス分類から回帰分析に変換することで，サンプルごとのクラス 1 らしさ，クラス −1 らしさのようなものも評価できるようになり，結果の確からしさを評価できます．もちろん，SVM でも判別面からの距離という指標で評価できたり，アンサンブル学習でも各クラスの確率を評価できたりしますが，回帰分析にすることで，どの手法を用いても評価できるようになります．

扱う分子・材料などの (時系列) データ，そして研究テーマによって，デメリットよりもメリットの方が優位なときは，以下の変換を検討してみるとよいでしょう．

- 回帰分析 → クラス分類
- クラス分類 → 回帰分析

7.3 アダブースト

アダブースト (adaptive boosting：AdaBoost) は，多くのモデルを統合して予測精度を向上させるアンサンブル学習やブースティングの一つです．あるクラス分類モデルで誤って分類されたサンプルや，ある回帰モデルで誤差の大きいサンプルを改善するように，次のモデルが構築されます．AdaBoost は，任意のクラス分類手法，任意の回帰分析手法と組み合わせることができます．トレーニングデータのサンプルに重みを与えて構築されたモデルを総合的に用いることで，全体的な予測性能を向上させます．

一般的な AdaBoost におけるモデル構築の手順は以下のとおりです．

① 回帰分析手法やクラス分類手法，および手法で構築するモデルの数 k を決める

回帰分析手法やクラス分類手法は何でも構いません．k をある程度大きくしないと，予測結果が不安定になってしまいます．ただし，k を大きくすればするほど安定化するわけではなく，また k が大きいとその分計算時間がかかってしまいます．まずは $k = 1000$ で検討するとよいでしょう．

② トレーニングデータにおける各サンプルの重みを $1/m$ にする

m はサンプル数です. i 番目のサンプルの重みを $w_1^{(i)}$ とすると, 以下の式で表されます.

$$w_1^{(i)} = \frac{1}{m} \tag{7.1}$$

③ トレーニングデータを用いて, 回帰モデルやクラス分類モデル M_1 を構築する

　①で選択した手法を用いて, 一般的な方法で回帰モデルやクラス分類モデルを構築します. ここで構築されたモデルを M_1 とします.

④ トレーニングデータにおける, M_1 の標準化誤差の絶対値の和 ε_1(回帰分析) や誤分類率 ε_1(クラス分類) を計算する

　標準化誤差は, 誤差をトレーニングデータにおける誤差の絶対値の最大値で割ったものです. 誤分類率は, トレーニングデータにおいて誤って分類されたサンプル数を全サンプル数で割ったものです.

⑤ 以下の式で, M_1 の信頼度 α_1 を計算する

$$\alpha_1 = \log\left(\frac{1 - \varepsilon_1}{\varepsilon_1}\right) \tag{7.2}$$

⑥ 以下の式で, 各サンプルの重みを $w_1^{(i)}$ から $w_2^{(i)}$ に更新する

$$w_2^{(i)} = \frac{w_1^{(i)} \exp\left(-\alpha_1 I\left(y^{(i)}, M_1\left(\mathbf{x}^{(i)}\right)\right)\right)}{\sum_{j=1}^{m} w_1^{(j)} \exp\left(-\alpha_1 I\left(y^{(j)}, M_1\left(\mathbf{x}^{(j)}\right)\right)\right)} \tag{7.3}$$

$I(y^{(i)}, M_1(\mathbf{x}^{(i)}))$ は, 回帰分析では i 番目のサンプルにおける y の値 $y^{(i)}$ と M_1 による推定値 $M_1(\mathbf{x}^{(i)})$ との誤差の絶対値を, トレーニングデータにおける誤差の絶対値の最大値で割ったもの, クラス分類では i 番目のサンプルにおけるクラス $y^{(i)}$ と M_1 による推定結果 $M_1(\mathbf{x}^{(i)})$ が一致していたら 1, 異なっていたら –1 となるものです.

⑦ 回帰分析では $w_2^{(i)}$ を重みとした重み付き標準化誤差の絶対値 ε_2 が最小になるように, クラス分類では $w_2^{(i)}$ を重みとした重み付き誤分類率 ε_2 が最小になるように, モデル M_2 を構築する

　回帰分析およびクラス分類における ε_2 はどちらも以下の式で表されます.

$$\varepsilon_2 = \frac{\sum_{i=1}^{m} w_2^{(i)} I\left(y^{(i)}, M_1\left(\mathbf{x}^{(i)}\right)\right)}{\sum_{i=1}^{m} w_2^{(i)}} \tag{7.4}$$

ここで構築されたモデルを M_2 とします.

⑧ 以下の式で，M_2 の信頼度 α_2 を計算する

$$\alpha_2 = \log\left(\frac{1-\varepsilon_2}{\varepsilon_2}\right) \tag{7.5}$$

⑨ ⑥の重み更新 (モデルは⑦で構築されたものを，信頼度は⑧で計算されたものを使用)，⑦のモデル構築，⑧の信頼度の計算を，構築されたモデルの数が k に達するまで繰り返す

新しいサンプルに対して予測するときは，まずすべてのモデル $M_1, M_2, \ldots, M_k$ を用いて y を予測します．そして，信頼度 α_i をモデル M_i による予測結果の重みとして，回帰分析であれば重み付き平均の値を予測値とし，クラス分類であれば重みの和が最も大きいクラスを予測結果とします．

7.4 勾配ブースティング

勾配ブースティング (gradient boosting：GB) と，その中の gradient boosting decision tree (GBDT)，extreme gradient boosting (XGBoost)，light gradient boosting model (LightGBM) について説明します．GB は，多くのモデルを統合して予測精度を向上させるアンサンブル学習やブースティングの一つです．あるクラス分類モデルで誤って分類されたサンプルや，ある回帰モデルで誤差の大きいサンプルを改善するように (後に示す損失関数の値が小さくなるように)，次のモデルが構築されます．前節の AdaBoost とはモデルの誤りや誤差の考え方や，改善の仕方が異なります．GB ではクラス分類でも回帰分析でも一般的に決定木 (DT)[21] が用いられます．DT を用いた GB のことを GBDT と呼びます．

GB では損失関数の値が小さくなるように，新しいモデルを構築します．損失関数とは，サンプルごとに，モデルが予測を失敗した量を計算する関数です．i 番目のサンプルにおける y の実測値を $y^{(i)}$，x のベクトルを $\mathbf{x}^{(i)}$，モデル f による y の予測値を $f(\mathbf{x}^{(i)})$ としたとき，回帰分析における損失関数 $L(y^{(i)}, f(\mathbf{x}^{(i)}))$ の例は以下のとおりです．

$$L\left(y^{(i)}, f\left(\mathbf{x}^{(i)}\right)\right) = \left|y^{(i)} - f\left(\mathbf{x}^{(i)}\right)\right| \tag{7.6}$$

$$L\left(y^{(i)}, f\left(\mathbf{x}^{(i)}\right)\right) = \frac{1}{2}\left(y^{(i)} - f\left(\mathbf{x}^{(i)}\right)\right)^2 \tag{7.7}$$

クラス分類においては Adaboost における式 (7.3) の各サンプルの重みが利用

されます．また特に DT が用いられるときは以下の交差エントロピー誤差関数
も利用できます．

$$L\left(y^{(i)}, f\left(\mathbf{x}^{(i)}\right)\right) = -\sum_{k=1}^{K} p_{j,k} \log\left(p_{j,k}\right) \tag{7.8}$$

ここで K はクラスの数，$p_{j,k}$ は i 番目のサンプルが含まれる葉ノード j にお
ける，クラス k のサンプルの割合です．

K クラスを分類する多クラス分類のとき，クラスごとに K 種類の y (1 or –1,
あるクラスにおいては対象のサンプルが 1，それ以外のサンプルが –1) の特徴
量を作成して，K 個の 2 クラス分類モデルを作成するとき，以下の損失関数も
利用できます．

$$L\left(y^{(i)}, f\left(\mathbf{x}^{(i)}\right)\right) = -\log\left(p_c\left(\mathbf{x}^{(i)}\right)\right) \tag{7.9}$$

ただし c は $y^{(i)}$ の実際のクラスに対応する 2 クラス分類モデルの番号であり，
$p_c(\mathbf{x}^{(i)})$ は以下の式で表されます．

$$p_c\left(\mathbf{x}^{(i)}\right) = \frac{\exp\left(f_c\left(\mathbf{x}^{(i)}\right)\right)}{\sum_{j=1}^{K} \exp\left(f_j\left(\mathbf{x}^{(i)}\right)\right)} \tag{7.10}$$

続いて，"勾配" ブースティングの名前の由来にもなっている損失関数の勾配
を，$L(y^{(i)}, f(\mathbf{x}^{(i)}))$ を $f(\mathbf{x}^{(i)})$ で偏微分してマイナスの符号をつけることで計算
します．例えば回帰分析において式 (7.7) の損失関数のときは，勾配は以下の式
で表されます．

$$-\frac{\partial L\left(y^{(i)}, f\left(\mathbf{x}^{(i)}\right)\right)}{\partial f\left(\mathbf{x}^{(i)}\right)} = y^{(i)} - f\left(\mathbf{x}^{(i)}\right) \tag{7.11}$$

またクラス分類において式 (7.9) の損失関数のとき，c 番目の 2 クラス分類モ
デルの勾配は以下の式で表されます．

$$-\frac{\partial L\left(y^{(i)}, f\left(\mathbf{x}^{(i)}\right)\right)}{\partial f_c\left(\mathbf{x}^{(i)}\right)} = q - p_c\left(\mathbf{x}^{(i)}\right) \tag{7.12}$$

回帰分析手法やクラス分類手法として DT を用いる際，まず通常通り DT モ
デルを構築します．このモデルを $f^{(1)}$ とします．続いて，モデルの数 k を決め
た後，$m = 2, 3, \ldots, k-1$ として以下の①から⑤を繰り返します．

① サンプル i ごとに損失関数の勾配を計算する

② 損失関数の勾配を y として，DT モデルを構築する

③ DT モデルの葉ノードを $R_{m,j}$ (j は葉ノードの番号) とする

④ 葉ノードごとに，以下を最小化する $\gamma_{m,j}$ を計算する

$$\sum_{\mathbf{x}^{(i)} \text{が含まれる } R_{m,j}} L(y^{(i)}, f^{(m-1)}(\mathbf{x}^{(i)}) + \gamma_{m,j}) \tag{7.13}$$

⑤ 以下のようにモデル $f^{(m)}$ を計算する

$$f^{(m)}(\mathbf{x}^{(i)}) = f^{(m-1)}(\mathbf{x}^{(i)}) + (\mathbf{x}^{(i)} \text{が含まれる } R_{m,j} \text{における} \gamma_{m,j}) \tag{7.14}$$

y を予測する際は，k 個の DT モデルを用います．

XGBoost の主な特徴を説明します．まず，DT モデルを構築するときの評価関数 E に以下の項を加えます．

$$\gamma T + \frac{\lambda}{2} \|\mathbf{w}\|^2 \tag{7.15}$$

ここで T は最終ノードの数，$\mathbf{w}$ はすべての葉ノードの値 (葉ノードのサンプルの y の平均値) が格納されたベクトル，γ と λ はハイパーパラメータです．この項を追加することで，ノード数が小さくなるとともにモデルの更新が小さくなり，オーバーフィッティングを低減できます．XGBoost ではさらに，m 番目の DT モデルの構築において，$m-1$ 番目の DT モデルにおける勾配の情報を利用することで，計算速度を向上させています．

LightGBM の主な特徴を説明します．一つは gradient-based one-side sampling (GOSS) です．m 回目の DT モデル構築のとき，勾配の絶対値の大きな $a \times 100\%$ のサンプルと，それ以外のサンプルから $b \times 100\%$ をランダムに選択したサンプルのみを用います．ランダムに選択されたサンプルの勾配は $(1-a)/b$ 倍して利用します．もう一つは exclusive feature bundling (EFB) です．0 でない値をもつサンプルの重複が少ない特徴量を一緒にして，bundle として扱います．例えば 0 から 10 の値をもつ特徴量 A と 0 から 20 の値をもつ特徴量 B があるとき，B に一律に 10 足して，A と B を合わせたものが bundle です．特徴量からではなく，bundle から DT モデルを構築します．さらにヒストグラムで値をざっくり分けてから DT の分岐を探索します．GOSS および EFB によりオーバーフィッティングの低減と計算速度の向上を達成できます．

7.5 各サブモデルの適用範囲を考慮したアンサンブル学習

アンサンブル学習においては複数のモデル (サブモデル) を構築し，すべての

サブモデルを用いて目的変数 y を予測します．例えばランダムフォレスト (RF) において，特徴量やサンプルを変化させて構築された DT モデル (サブモデル) をすべて用いて，y を予測します．サブモデルとはいえ一つのモデルであるため，モデルの適用範囲 (AD)[23] を考慮すべきといえます．あるサンプルの説明変数 x の値を入力したとき，AD 外のサブモデルは使用すべきでないと考えられます．

アンサンブル学習においてサブモデルごとの AD を考慮して y を予測する手法が ensemble learning method considering applicability domain of each submodel (ECADS)[50] です．アンサンブル学習で重複なく x をサンプリングして異なるサブデータセットを作成し，それぞれでサブモデルを構築すると同時に，AD も設定します．例えば 100 のサブモデルがあれば，異なる 100 の AD が設定されます．新しいサンプルの y を推定するときは，各 AD で 100 のサブモデルのどれが AD 内でどれが AD 外かを判定し，AD 内と判定されたサブモデルのみ用います．もし 30 のサブモデルしか AD 内でなければ，それらのサブモデルから計算された 30 の推定値だけで y の推定値を計算 (30 の推定値から平均値や中央値を計算) します．この場合，70 の AD 外のサブモデルを使うことを防ぐことができるため，推定性能が向上します．

ECADS ではモデル全体の AD が広くなることが確認されています．推定したいサンプルごとに用いるサブモデルは異なりますが，全体の AD は，構築された (たとえば 100 の) サブモデルの AD の和集合になります．この和集合のほうが，全サンプルを用いて作られた一つの AD より広いといえます．実際，ECADS により既存の手法より推定精度が上がることや AD が広がることは，水溶解度データをもつ化合物や毒性データをもつ化合物の解析により確認されています[50]．

ただこの時点では，サブモデルごとの AD を定量的に比較することができず，その結果 AD を統合できなかったため，適切に新しいサンプルを予測することができませんでした．定量的に統合できない理由として，データ密度に基づく AD の場合，基本的にサンプル間の距離 (ユークリッド距離) に基づくため，アンサンブル学習で特徴量を (ランダムに) 選択すると，距離のスケールがサブモデルごとに異なり，それに応じてデータ密度のスケールも異なってしまうためです．

そこで，サブモデルごとの AD を統合するため，特徴量の数と種類に依存しない AD の指標をいろいろと検討したところ，similarity-weighted root-mean-square distance (wRMSD)[51] という指標を用いることで良好な結果になることを確認しました．これはデータ密度と y の推定誤差の両方を考慮した AD の指標であり，最終的な AD のスケールは y のスケールになるため，サブモデル間で AD のスケールが同じになり，定量的な議論が可能になります．

wRMSD の値をサブモデルごとの重みに変換します．wRMSD は誤差と考えることができるため，wRMSD を逆数にして r 乗したものが重みになります．r の値はクロスバリデーション (CV) で最適化します．この手法を wRMSD-based AD considering ensemble learning (WEL)[52] と呼びます．WEL を用いることで，予測したいサンプルごとにそのサブモデルと近いほど (そのサブモデルでうまく予測できそうなほど) 重みが大きくなり，その重みに基づいて最終的な予測値を計算できます．回帰分析手法として部分的最小二乗法 (PLS)[16] を対象にして，PLS，アンサンブル PLS，WEL-PLS で比較検討したところ，水溶解度のデータセット・環境毒性のデータセット・薬理活性のデータセットすべてにおいて，WEL-PLS がベストの推定性能を発揮しました．Python のサンプルプログラムを含めてこちらの論文[52] に情報があります．

7.6 半教師あり学習 (半教師付き学習)

機械学習の手法，統計的・情報学的手法の中には，教師なし学習や教師あり学習があります．教師なし学習では，特徴量を使ってサンプル群を可視化・見える化したり，クラスター解析 (クラスタリング) したりします．教師あり学習では，活性・物性・特性などの目的変数 y (教師データ) と，分子記述子・実験条件・合成条件・製造条件・プロセス条件・プロセス変数などの説明変数 x があり，y と x の間の関係を解析します．y が連続値のときが回帰分析であり，カテゴリーのときはクラス分類です．

まとめると以下のようになります．

- 教師なし学習
    - データの可視化・見える化，低次元化 (PCA，GTM (5.4 節参照) など)
    - クラスタリング (階層的クラスタリング，GMM (6.2 節参照) など)
- 教師あり学習
    - 回帰分析 (PLS)，SVR，GMR (10.9 節参照) など

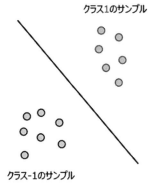

図 7.4 クラス分類の例

– クラス分類 (線形判別分析・SVM など)

教師なし学習と教師あり学習との中間的な位置付けとして，半教師あり学習 (半教師付き学習) があります．半教師あり学習は，y が既知のサンプル (教師ありサンプル) だけでなく y が不明なサンプル (教師なしサンプル) も用います．例えばテストデータのサンプル (x のみ) を教師なしサンプルとして使用することもできます．本節では，教師なしのサンプルを用いて，回帰分析・クラス分類の精度を向上させる方法について考えます．

クラス分類の半教師あり学習の概要

クラス分類の半教師あり学習について説明します．クラス分類においてクラス 1 のサンプルとクラス −1 のサンプルがあるとき，図 7.4 のように両者を判別する式 (図中の線) が作られます．ちょうどクラス 1 のサンプル群とクラス −1 のサンプル群との間くらいに直線があります．

ここで，教師なしのサンプル，つまりクラス 1 かクラス −1 かが不明なサンプルが，図 7.5 のように存在したとします．このとき半教師あり学習を行うことで，クラス分類モデルは図 7.6 にあるような直線になります．クラス 1 のサンプルに近い教師なしサンプルはクラス 1 とみなされ，クラス −1 のサンプルに近い教師なしサンプルはクラス −1 とみなされ，その結果，それらのサンプル群の間くらいに直線が引かれることになります．このように，特にクラスのわかっているサンプルが少ないときに，クラスのわからない多数のサンプルを活用することで，より妥当な判別式を作れるだろう，というのがクラス分類における半教師あり学習です．

図 7.5　クラス分類におけるクラスが
不明のサンプルの例

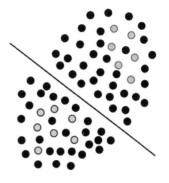

図 7.6　クラスが不明のサンプルを活
用したクラス分類の例

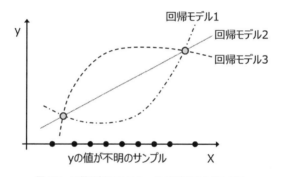

図 7.7　回帰分析における y の値が不明なサンプル

回帰分析の半教師あり学習で得られるメリット

　回帰分析の半教師あり学習では，クラス分類と同じようなメリットを得ることは難しいといえます．その理由を説明するため，図 7.7 のように教師ありサンプル 2 つに教師なしサンプルがある場合を考えます．このとき，回帰モデル 1, 2, 3 のように，教師ありサンプル 2 つを通る回帰モデルの候補はたくさんありますが，教師なしサンプルが与えられたからといって，どの回帰モデルがより正しいかについての情報になるわけではありません．回帰分析の半教師あり学習では，クラス分類のそれと同じようなメリットは得られないと考えられます．

　一方で，回帰分析の半教師あり学習にもほかにメリットがあります．そもそも，半教師あり学習のメリットは以下の 3 つです．

　① クラス間の境界が明確になる (クラス分類のみ)

② モデルの安定性が向上する

③ モデルの適用範囲が広がる

①は最初に説明したメリットであり，クラス分類のみです．そのほかの２つ
を説明します．

■ モデルの安定性が向上する

教師なしサンプルによって，回帰モデル・クラス分類モデルが安定化します．
例えば，PLS[16] ではyとの間の共分散が大きい潜在変数zにxを低次元化して
から回帰分析をします．教師ありサンプルが少ないとxからzを安定的に計算
できません．言い換えると，仮にサンプルを１つ増やしたり１つ減らしたりし
たときに，zが大きく変わってしまいます．

このようなときに，最初に教師ありサンプルと教師なしサンプルを合わせた
データセットを用いて，例えば主成分分析 (PCA)[14] によりzを計算するなどx
を低次元化します．教師なしサンプルは基本的に多いため，教師ありサンプル
のみの場合と比較して安定した低次元化が達成されます．この低次元空間にお
いて回帰モデル・クラス分類モデルを作ることで，安定したモデルを作成でき
ると考えられます．

■ モデルの適用範囲が広がる

モデルの適用範囲 (AD)[23] が広がることも，教師なしサンプルを使用した適切
な低次元化に関係します．ADの決定は，トレーニングデータのサンプルが存
在する領域を決めることに対応します．多くのxがあったとしても，実際には
それより低次元空間においてサンプルが存在することが多いです．特に教師あ
りサンプルが少ないときは，より低い次元で表現できる傾向が強くなります．
安定的に低次元化することで，トレーニングデータのサンプルが存在する領域
を適切に決めることができると考えられます．

回帰分析における半教師あり学習の例[53] を紹介します．前述した教師ありサ
ンプルと教師なしサンプルを合わせてxを低次元化して，低次元後の空間にお
いて，yとの間で回帰分析を行う方法です．図7.8をご覧ください．xとyとの
間で回帰モデル y = f(x) を構築するのではなく，教師ありサンプルと教師なしサ
ンプルを用いて低次元化した潜在変数zとyとの間で回帰モデル y = f(z) を構築
します．

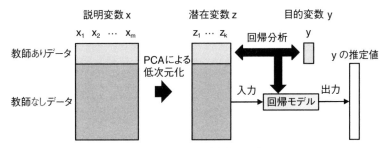

図 7.8 回帰分析における半教師あり学習の例

文献[53] では低次元化の手法として線形手法の PCA と 非線形手法の locally linear embedding (LLE) で検討されています．ただ，もちろん generative topographic mapping (GTM) (5.4 節参照) や t-distributed stochastic neighbor embedding (t-SNE)[43] といった他の低次元化手法を用いることもできます．

教師ありサンプルだけを用いるよりも，教師ありサンプルと教師なしサンプルとを合わせて低次元化したほうが，z が安定することが確認されました．また，そのような z の空間において AD を決めることで，従来と比べて AD が広くなりました．ただ，z の数 (例えば PCA における主成分の数) は事前に決める必要があります．

サンプルプログラムは DCEKit[12] における以下の 2 つです．

- `demo_semi_supervised_learning_low_dim_no_hyperparameters.`
  `py`：回帰分析手法としてハイパーパラメータのないガウス過程回帰 (GPR) (カーネル関数設定済み) を使用
- `demo_semi_supervised_learning_low_dim_with_hyperparameters.⤸`
  `py`：回帰分析手法としてハイパーパラメータのある PLS を使用

回帰分析のときに，教師ありサンプルと教師なしサンプルを合わせてから PCA で主成分を抽出し，教師ありデータにおいて主成分と y の間で回帰モデルを構築します．ぜひご活用ください．

7.7 半教師あり学習におけるサンプル選択

前節でもそうでしたが，半教師あり学習では基本的に今ある教師なしサンプル (目的変数 y が不明なサンプル) をすべて使用します．しかし教師なしサンプ

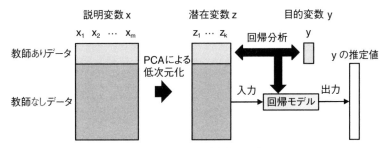

(上部図中のラベル) 説明変数 x ／ 潜在変数 z ／ 目的変数 y ／ x₁ x₂ ⋯ xₘ ／ z₁ ⋯ zₖ ／ 回帰分析 ／ y ／ 教師ありデータ ／ PCAによる低次元化 ／ y の推定値 ／ 教師なしデータ ／ 入力 ／ 出力 ／ 回帰モデル

ルの中に，他の教師なしサンプルや教師ありサンプル (y が既知のサンプル) から外れたサンプルがあると，回帰モデルの推定性能を低下させる可能性があります．教師なしサンプルの中に外れサンプルがある中で，例えば PCA[14] を行うと，主成分が外れサンプルを表現するためのものになってしまい，データセットにおける大多数のサンプルの分散を説明できず適切ではありません．

外れサンプルは事前に検出する必要があります．ただ，教師なしサンプルであるため，例えばアンサンブル学習を活用した外れサンプル検出手法[28] のような，教師あり学習に基づく手法は利用できません．そこで本節では AD[23] を活用します[54]．教師ありサンプルのみを用いて，AD を設定します．こちらの論文[54]では，データ密度に基づいて k 近傍法[17] により AD を計算しています．教師なしサンプルに関しては，AD 内のサンプルのみ使用します．これにより教師なしサンプルにおける外れサンプルを省いて半教師なし学習を行うことができます．論文[54] では，定量的構造活性相関や定量的構造物性相関のデータセットを用いた解析において，既存の半教師あり学習より回帰モデルの予測性能が向上することを確認しています．

半教師あり学習のサンプルプログラムは DCEKit[12] における以下の 2 つです．

- `demo_semi_supervised_learning_low_dim_no_hyperparameters_wi⏎th_ad.py`：教師なしサンプルとして AD 内のサンプルのみ使用し，回帰分析手法としてハイパーパラメータのない GPR (カーネル関数設定済み) を使用
- `demo_semi_supervised_learning_low_dim_with_hyperparameters_⏎with_ad.py`：教師なしサンプルとして AD 内のサンプルのみ使用し，回帰分析手法としてハイパーパラメータのある PLS を使用

回帰分析のときに，教師なしサンプルとして AD 内のサンプルを選択してから，教師ありサンプルと教師なしサンプルを合わせて PCA で主成分を抽出し，教師ありデータにおいて主成分と y の間で回帰モデルを構築します．ぜひご活用ください．

7.8 転 移 学 習

教師あり学習において，あるデータセット A を用いて目的変数 y_A と説明変

数 x_A との間でモデル $y_A = f_A(x_A)$ を構築したとします. y として物性と活性や, 物性の中でも例えば沸点と融点のように, データセット A と目的変数 y が異なる場合は, 基本的には新たにデータセット B を準備して y_B と x_B との間でモデル $y_B = f_B(x_B)$ を構築する必要があります.

A と B がある程度関連しており, x_A と x_B がすべて, もしくは部分的に共通しているとき, 転移学習 (transfer learning:TL) を活用して f_B を改善させることを検討できます (A と B を入れ替えても OK です). TL は, データセット A やモデル f_A を活用して, それとは別の y のモデル f_B の予測精度の向上を試みる学習方法です. 特に B のサンプルが少ないときに, TL による予測精度の改善が期待できます. なお 7.6 節の半教師あり学習も, y_A がない場合の転移学習と考えることができます. 転移学習では, A のデータセットのことを source domain, B のデータセットのことを target domain と呼びます.

転移学習の一つとして, 深層学習 (ディープラーニング, deep learning) に基づくニューラルネットワーク (deep neural network:DNN) による方法を紹介します. DNN では, 基本的にニューロンを乱数等で初期化して, データセットを用いて学習させます. DNN は学習させるパラメータが多いため, 特にデータセットのサンプル数が小さいときにオーバーフィッティングの危険があります. そこで対象のデータセット B (target domain) とは別のデータセット A (source domain) で事前に DNN を構築します. そして B で DNN を構築するとき, 事前に構築した DNN のニューロンのパラメータをそのまま使用するとともに, 出力層に最も近い層のニューロンのみを B で再学習します. これにより, source domain で学習した DNN (知識, knowledge) を target domain に「転移」して (transfer), 有効活用することができ, target domain では少ないパラメータのみ再学習することでオーバーフィッティングを低減できると考えられます.

上述した TL では, 回帰分析手法・クラス分類手法が DNN に限られ, さらに x_A と x_B がすべて共通している必要があります. そこで任意の回帰分析手法・クラス分類手法を使用でき, x_A と x_B が部分的に共通していれば問題ない TL の一つである frustratingly easy domain adaptation (FEDA)[55] について紹介します.

FEDA の概念図を図 7.9 に示します. A のデータセットの x を $\mathbf{X}_A$, y を $\mathbf{y}_A$ とし, B のデータセットの x を $\mathbf{X}_B$, y を $\mathbf{y}_B$ とします. そして以下のように A と B を組み合わせデータセット $\mathbf{X}_C$, $\mathbf{y}_C$ を準備します.

モデル構築

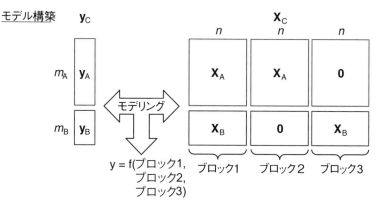

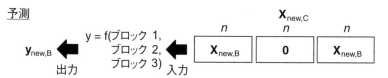

図 7.9 FEDA の概念図

$$\mathbf{X}_C = \begin{pmatrix} \mathbf{X}_A & \mathbf{X}_A & \mathbf{0} \\ \mathbf{X}_B & \mathbf{0} & \mathbf{X}_B \end{pmatrix} \tag{7.16}$$

$$\mathbf{y}_C = \begin{pmatrix} \mathbf{y}_A \\ \mathbf{y}_B \end{pmatrix} \tag{7.17}$$

ここで **0** はすべてが 0 の行列です．図 7.9 における m_A は A のサンプル数，m_B は B のサンプル数，n は x の特徴量の数です．新たなデータセット $\mathbf{X}_C, \mathbf{y}_C$ の間で回帰モデルを構築します．図 7.9 のブロック 1 において 2 つのデータセット A, B で共通する x と y との間の関係を学習し，ブロック 2 において A に特有な x と y との間の関係を学習し，ブロック 3 において B に特有な x と y との間の関係を学習すると期待できます．

新たなサンプルの y の値を推定するときは，図 7.9 のブロック 1 とブロック 2 を B のサンプル，ブロックをすべてが 0 のベクトルとして回帰モデルに入力し，y の値を推定します．

FEDA のサンプルプログラムは DCEKit[12] における以下の 2 つです．

- `demo_transfer_learning_no_hyperparameters.py`：回帰分析手法としてハイパーパラメータのない GPR (カーネル関数設定済み) を使用

103

- `demo_transfer_learning_with_hyperparameters.py`：回帰分析手法としてハイパーパラメータのある PLS を使用

回帰分析のときに, target domain のデータセットと source domain のデータセットを図 7.9 のようにつなげてモデル構築をしたり予測をしたりしています. ぜひご活用ください. なおオートスケーリングをするときは, target domain のデータセットと source domain のデータセットで個別に行うようにしましょう.

7.9 モデルの予測精度を上げるための考え方・方針

目的変数 y と説明変数 x との間で, 回帰分析やクラス分類を行い, モデル y = f(x) を構築します. もちろん予測精度の高いモデルが望ましいため, モデルの予測精度を向上させるために, 様々な工夫をします. そのような工夫の方針は, 基本的に以下の 5 つです.

1) y を表現するための情報を x に追加する
2) y を表現する情報を x から抽出する
3) y と関係ない情報を x から除く
4) y と x が一貫した関係をもつデータセットにする
5) AD[23] を広げる

そもそも x の中に y に関連する情報がないと (極端な話, ただの乱数をもつ x しかないと), どんな回帰分析手法やクラス分類手法を用いても, 予測精度の高いモデルはできません. そこで, 例えば材料設計のときに y が何らかの材料の物性であるときは, その物性と関係する特徴量は何かを考えますし, 化学プラントのプロセスデータを扱うときに y が何らかの製品品質であるときは, その製品品質と関係するプロセス変数は何かを考えます. 逆に言えば, 材料が物性を発現するメカニズムが不明でも, 材料を適切な特徴量で表せさえすれば, それらと物性の間の関係式 y = f(x) を構築できますし, その製品品質になるメカニズムが不明でも, 適切なプロセス変数さえ準備すれば, それらと製品品質の間の関係式 y = f(x) を構築できます. なお複数の物質が混合されているときの特徴量は 2.2 節の内容が参考になります.

x の中に y に関連する情報があっても, その情報を抽出してモデル化できないと意味がありません. x と y の間の関係が非線形のときは, 線形手法ではな

く非線形手法を用いる必要があります．また関係が複雑であり，さらにサンプルがたくさんあるときは，深層学習を用いるとよいです．ただ実際には，xとyの関係がどのようなものかはわからないため，様々な手法を検討することになります (8.1 節参照)．

　yに関係する情報をxに含めることが重要な一方で，逆に関係しない情報がxの中にあるとモデル構築のときのノイズとなります．ノイズがあると，ノイズにも適合するようにモデルが構築されてしまい，新しいデータ (モデル構築時のデータとはノイズが異なるデータ) に対する予測精度は下がってしまいます．いわゆるオーバーフィッティング (過学習) です．一方で，yに関係するxの情報がノイズに埋もれてしまい，適切に抽出できないこともあります．いわゆるアンダーフィッティングです．もちろん回帰分析手法やクラス分類手法によりノイズに対処できる部分もありますが，yと関係のない特徴量が事前にわかるときは，あらかじめ削除しておくとよいでしょう．

　データセットの中に外れ値・外れサンプルがあったり，データセット内にxとyの関係性が異なるサンプルが混在していたりすると，適切にモデル構築することができません．例えばxとyの間に直線関係があり，xとyの直線がある傾きのサンプル群と，別の傾きのサンプル群とが一緒にあるデータセットでは，データセットにおけるすべてのサンプルにおけるxとyの傾きをどうしたらよいかわかりません．回帰分析手法やクラス分類手法を用いるときは，xとyが一貫した関係をもつデータセットを使用しましょう．例えば，yとは別のカテゴリーの情報に基づいてサンプルを分割してからモデルを構築することが望ましいときもあります．

　yの誤差だけでなく AD を考慮してモデルの予測精度を議論することに関連して，よく聞かれる質問に，「サンプル数をどれくらい増やせば十分ですか」，「サンプルをいくつ集めれば十分に予測精度の高いモデルができますか」，があります．多くの方々は，サンプル数が大きくなると "モデルの予測精度" が向上することをイメージしています．しかし，誤解を恐れずに言えば，上の質問における "モデルの予測精度" はサンプル数を増やしても向上しません．では，サンプル数が大きくなると何が向上するかというと，同じくらいの誤差で予測できる新しいサンプルが多くなります．別の言い方をすると，AD が広がります．そのため，質問への回答は，「サンプル数が増えるということは，"モデルの予測精度" が上がるというより，新たに予測できるサンプル数が増えることを意

味します．これにより設計しやすくなります」となります．

"モデルの予測精度" の高いモデルは，何サンプルでもできます (なお，どうしてもサンプル数の最小値が必要というときは，とりあえず 30 サンプルくらいからはじめてはいかがでしょうか，とお答えしています)．ただ，サンプル数とモデルの予測精度の関係を真に理解するためには，モデルの予測精度について解像度を上げて考える必要があります．モデル，特に回帰モデルの目的は，今あるサンプル，例えば 30 サンプルについて，x から y を再現性高く計算することではありません．目的は，今ないサンプル (新しいサンプル) において，x から y を精度よく，すなわち誤差が小さくなるように予測することです．もちろん，新しいサンプルの y の実測値はないため，どれくらいの誤差でそのサンプルを予測できるかはわかりません．今あるデータをうまく駆使して，新しいサンプルに対して，モデルがどの程度の誤差で予測できるか，見積もる必要があります．

新しいサンプルと一言でいっても，いろいろなサンプルがあります．x の値が今あるサンプルとほとんど同じようなサンプルもあれば，今あるサンプルから x の値がかけ離れたサンプルもあります．どのようなサンプルでも，x の値があれば y の値を予測できます．ただ，今考えているモデルがデータセットに基づくモデルである以上，どのサンプルの誤差を小さく予測できるか，どのサンプルの誤差が大きくなってしまうかは，サンプルによって変わります．このあたりを議論するための概念が，AD です．AD 内であれば y の値を誤差が小さく予測でき，AD 外であれば，誤差が大きくなる可能性が高くなります．

モデルの性能を考える上で大事なことは，新しいサンプルをどのくらいの誤差で予測できるかであり，サンプルの誤差は，AD 内か AD 外かによって変わります．モデルの予測精度を議論するためには，サンプルの誤差だけでなく，AD を考慮する必要があります．モデルの予測精度は，y の誤差と AD の広さがセットです．

トレーニングデータで構築したモデルを，テストデータを予測することで検証することがあります．テストデータの r^2, room mean squared error (RMSE), mean absolute error (MAE) を確認したり，実測値 vs. 推定値プロットをチェックしたりして，回帰分析手法を比較します．ここでは，基本的にトレーニングデータもテストデータも同じデータ分布からサンプリングされていることが前提であるため，どの回帰分析手法も AD の広さが同じである仮定のもと，モデルの予

測精度を比較していることになります．そのため AD なしでも，テストデータ
の r², RMSE, MAE を予測精度の指標と呼んだり，予測精度を実測値 vs. 推定
値プロットで検証したりします．

　回帰分析手法を比較するときは，AD を固定した，y の誤差だけを見たモデル
の予測精度で十分かもしれません．ただ，サンプル数が増える前後のモデルの
予測精度を議論するときは，y の誤差だけでなく，AD の広さも考慮する必要が
あります．そして，サンプル数が増えることで，基本的には y の誤差が小さく
なるというより AD が広がります．

　もちろん，回帰分析手法ごとにモデルの予測精度を比較する際も，y の誤差
だけでなく AD を考慮することで，より詳細に (解像度を上げて) モデルの予測
精度を議論できます．AD 内でどのくらい予測できたか，AD 外でどのくらい予
測できたか，を比較するわけです．AD を定量的に求めて比較することもあり
ます．実際，テストデータは基本的にトレーニングデータと同じデータ分布で
あることが前提ですが，テストデータのサンプルが AD 外であるため，予測誤
差が大きくなった，という結果もあります．このあたりは注意が必要です．

　モデルを構築するということは，y = f(x) を準備することだけでなく，AD を
決めることとセット，という認識でいるのがよいでしょう．そしてモデルの予
測精度を検証してモデルを評価するときは，y の誤差だけでなく AD を考える
ようにしましょう．

8

モデルの検証

　回帰モデルやクラス分類モデルを構築した後，モデルを利用する前に，そのモデルを適切に検証する必要があります．例えば，モデルを構築したデータセットに対しては誤差が小さく予測できる一方で，新たなサンプルを入力すると誤差が大きくなってしまうモデルを利用しないようにします．各回帰分析手法や各クラス分類手法で適切なモデルを構築できるかは，データセットごとに異なります．本章では，与えられたデータセットに対して，各手法や手法により構築されたモデルを適切に評価する方法について学びます．

8.1　回帰分析手法・クラス分類手法の選び方

　回帰分析手法やクラス分類手法の選び方についてです．予測結果の r^2, root mean squared error (RMSE)，mean absolute error (MAE)，正解率，... といった評価指標だけ確認して選んでいるわけではありません．

　回帰分析手法やクラス分類手法には様々な手法があります．どんなデータセットにも使えるベストな回帰分析手法やベストなクラス分類手法が存在するわけではありません．そのため，自身が解析しているデータセットに合う手法を，適切に選択する必要があります．

　実際，著者も多いときで 20 以上の手法の中から，データセットに合う手法を選ぶことがあります．基本的には，テストデータを予測した結果や，ダブルクロスバリデーション (double cross-validation：DCV)[56] の結果を確認して選びます．しかし，回帰分析における r^2, RMSE, MAE だけ，クラス分類における正解率，精度，検出率だけを確認しているわけではありません．

　回帰分析では，目的変数 y の実測値 vs. 推定値プロットを必ず確認しています．そもそも回帰分析をするということは，構築された回帰モデルを用いる目

的があります．例えば，分子設計や材料設計において，yが小さい値をもつ化学構造・材料を設計したい，yが大きい値をもつ化学構造・材料を設計したいといった目的があります．yの値を評価するために，特にある範囲のyの値を正確に予測したいときもあるでしょう．

yの実測値 vs. 推定値プロットを見て，yを正確に予測したい値付近の予測誤差がどうなっているかを確認します．たとえr^2の値が比較的小さく，RMSEやMAEの値が比較的大きくても，目標のyの値に近いところの予測誤差が小さい回帰分析手法がある可能性があります．そのような回帰分析手法を選択することがあります．r^2，RMSE，MAEだけではわからない手法ごとの特徴を確認するため，yの実測値 vs. 推定値プロットをチェックします．

クラス分類では，予測結果として正解率，精度，検出率だけでなく，混同行列 (confusion matrix)[26] を必ず確認します．クラス分類において，誤分類された結果にも様々な種類があるためです．例えば二クラス分類において，false negative (FN) と false positive (FP) があります．FNを小さくしたいのか，FPを小さくしたいのか，どのくらいのバランスで両方を小さくしたいのかは，クラス分類モデルを用いる目的によって変わります．

混同行列をチェックしてFNとFPを確認します．正解率は比較的小さくても，FNが小さいクラス分類手法や，FPが小さいクラス分類手法が存在する可能性があります．また，そのようなクラス分類手法を選択することがあります．正解率だけからはわからない手法の特徴を確認するため，混同行列をチェックします．

▨ 説明変数 x の重要度も知りたい場合

回帰分析でもクラス分類でも，説明変数xの重要度を確認したいときがあります．モデルを用いるだけでなく，そのモデルにおけるxの重要度を知ることも目的に入っているときは，あらかじめ手法を選択する必要があります．基本的には，決定木 (DT)[21]，ランダムフォレスト (RF)[22]，gradient boosting decision tree (GBDT)[57]，extreme gradient boosting (XGBoost)[57]，light gradient boosting model (LightGBM)[57] といった決定木に基づく手法を用います．

ただ一方で，permutation importance[58] を用いれば，任意の回帰分析手法でxの重要度を計算できます．

また，例えば SHAP (shapley additive explanations)[59] を用いれば，あるyの予測

値に対する各 x の値の影響を，正か負かも含めて計算できます．ただ，SHAP ではあるサンプルまわりを線形近似しているため，データセット全体における y に対する各 x の寄与というわけではありません．興味のあるサンプルまわりにおける，局所的な y に対する各 x の寄与を検討するようにしましょう．

サンプル数が大きい場合

例えば 10000 サンプルなど，サンプル数が大きくなると，カーネル関数を用いる手法を使用できないときがあります．そのような手法では，すべてのサンプル間においてカーネル関数の値を計算してグラム行列を作成する必要があり，それが非常に大きな行列となりメモリエラーになってしまうためです．例えばサポートベクター回帰 (SVR)[19] やガウス過程回帰 (GPR)[5] を用いることは難しいです．サンプル数が大きい場合に x と y の間の非線形関係を考慮したいときは，上述した RF，GBDT，XGBoost，LightGBM といった DT に基づく手法やニューラルネットワーク (neural network) (深層学習によるニューラルネットワーク，DNN)[60] を検討しましょう．

ベイズ最適化を実施したい場合

ベイズ最適化 (BO) を行うときは，基本的に GPR[5] を選択します．GPR の中で，データセットに適したカーネルを選びます．

GPR においてよく用いられるカーネル関数 K_{GPR} には以下のものがあります．

$$K_{\mathrm{GPR}}\left(\mathbf{x}^{(i)}, \mathbf{x}^{(j)}\right) = \theta_0 \mathbf{x}^{(i)} \mathbf{x}^{(j)\mathrm{T}} + \theta_1 \tag{8.1}$$

$$K_{\mathrm{GPR}}\left(\mathbf{x}^{(i)}, \mathbf{x}^{(j)}\right) = \theta_0 \exp\left\{-\frac{\theta_1}{2}\left\|\mathbf{x}^{(i)} - \mathbf{x}^{(j)}\right\|^2\right\} + \theta_2 \tag{8.2}$$

$$K_{\mathrm{GPR}}\left(\mathbf{x}^{(i)}, \mathbf{x}^{(j)}\right) = \theta_0 \exp\left\{-\frac{\theta_1}{2}\left\|\mathbf{x}^{(i)} - \mathbf{x}^{(j)}\right\|^2\right\} + \theta_2 + \theta_3 \sum_{k=1}^{m} \mathbf{x}^{(i)} \mathbf{x}^{(j)\mathrm{T}} \tag{8.3}$$

$$K_{\mathrm{GPR}}\left(\mathbf{x}^{(i)}, \mathbf{x}^{(j)}\right) = \theta_0 \exp\left\{-\frac{1}{2}\sum_{k=1}^{m} \theta_{1,k}\left(x_k^{(i)} - x_k^{(j)}\right)^2\right\} + \theta_2 \tag{8.4}$$

$$K_{\mathrm{GPR}}\left(\mathbf{x}^{(i)}, \mathbf{x}^{(j)}\right) = \theta_0 \exp\left\{-\frac{1}{2}\sum_{k=1}^{m} \theta_{2,k}\left(x_k^{(i)} - x_k^{(j)}\right)^2\right\} + \theta_2 + \theta_3 \mathbf{x}^{(i)} \mathbf{x}^{(j)\mathrm{T}} \tag{8.5}$$

$$K_{\mathrm{GPR}}\left(\mathbf{x}^{(i)}, \mathbf{x}^{(j)}\right) = \theta_0 \left(1 + \frac{\sqrt{3}d_{i,j}}{\theta_1}\right)\exp\left(-\frac{\sqrt{3}d_{i,j}}{\theta_1}\right) + \theta_2 \tag{8.6}$$

$$K_{\mathrm{GPR}}\left(\mathbf{x}^{(i)}, \mathbf{x}^{(j)}\right) = \theta_0\left(1 + \frac{\sqrt{3}d_{i,j}}{\theta_1}\right)\exp\left(-\frac{\sqrt{3}d_{i,j}}{\theta_1}\right) + \theta_2 + \theta_3\mathbf{x}^{(i)}\mathbf{x}^{(j)\mathrm{T}} \tag{8.7}$$

$$K_{\mathrm{GPR}}\left(\mathbf{x}^{(i)}, \mathbf{x}^{(j)}\right) = \theta_0\exp\left(-\frac{d_{i,j}}{\theta_1}\right) + \theta_2 \tag{8.8}$$

$$K_{\mathrm{GPR}}\left(\mathbf{x}^{(i)}, \mathbf{x}^{(j)}\right) = \theta_0\exp\left(-\frac{d_{i,j}}{\theta_1}\right) + \theta_2 + \theta_3\mathbf{x}^{(i)}\mathbf{x}^{(j)\mathrm{T}} \tag{8.9}$$

$$K_{\mathrm{GPR}}\left(\mathbf{x}^{(i)}, \mathbf{x}^{(j)}\right) = \theta_0\left(1 + \frac{\sqrt{5}d_{i,j}}{\theta_1} + \frac{5d_{i,j}^2}{3\theta_1^2}\right)\exp\left(-\frac{\sqrt{5}d_{i,j}}{\theta_1}\right) + \theta_2 \tag{8.10}$$

$$K_{\mathrm{GPR}}\left(\mathbf{x}^{(i)}, \mathbf{x}^{(j)}\right) = \theta_0\left(1 + \frac{\sqrt{5}d_{i,j}}{\theta_1} + \frac{5d_{i,j}^2}{3\theta_1^2}\right)\exp\left(-\frac{\sqrt{5}d_{i,j}}{\theta_1}\right) + \theta_2 + \theta_3\mathbf{x}^{(i)}\mathbf{x}^{(j)\mathrm{T}}$$
$$\tag{8.11}$$

ここで $\theta_0, \theta_1, \theta_2, \theta_3, \theta_{1,k}, \theta_{2,k}$ はハイパーパラメータであり，$d_{i,j}$ は以下の式で計算されます．

$$d_{i,j} = \sqrt{\sum_{k=1}^{m}\left(x_k^{(i)} - x_k^{(j)}\right)^2} \tag{8.12}$$

GPR やカーネル関数の詳細については著者の別書[5] をご覧ください．カーネル関数を用いることで，y と x の間の非線形関係を考慮できます．

適切なカーネル関数を選択する方法は，大きく分けて 2 つあります．

一つは，それぞれのカーネル関数でクロスバリデーション (CV) を行い，良好に予測できたカーネル関数を選択する方法です．例えば CV 後の r^2 が最も大きいカーネル関数を使用します．この方法では，テストデータを用いていないため，テストデータにオーバーフィットする心配はありませんが，CV でモデル構築と予測を繰り返すため時間がかかります．

もう一つの方法は，それぞれのカーネル関数でモデル構築し，テストデータを予測して，良好に予測できたカーネル関数を選択する方法です．例えばテストデータにおける r^2 が最も大きいカーネル関数を使用します．この方法では，カーネル関数ごとにモデル構築は 1 回で済むため，CV の方法と比較して時間がかかりません．カーネル関数ごとに別の手法と考えて，他の手法と並行して比較します．しかし，テストデータにオーバーフィットするカーネル関数が選ばれる危険もあります．

8.2 モデルの評価と最適化に関する注意

　回帰モデルやクラス分類モデルを評価するときの話です．評価のときに，クロスバリデーション (CV) やダブルクロスバリデーション (DCV) が使われることもありますが，それぞれ何のために何を評価しているのかについて整理します．

　そもそも，なぜモデルを評価したいかというと，複数のモデルがあるときにどれを使えばよいのか決めるためです．例えば回帰分析して，部分的最小二乗法 (PLS)[16] と SVR[19] でそれぞれ回帰モデルを構築したとします．このとき，PLS モデルと SVR モデルでどちらの方がよいかを決めるため，2 つのモデルを評価・比較します．

　例えば 1000 サンプルあるときに，1000 サンプルで PLS モデルと SVR モデルを構築して，同じ 1000 サンプルを推定した結果を評価に使ってはどうでしょうか．これでは，新しいサンプルに対するモデルの性能を評価できないため，よくありません．PLS モデルや SVR モデルでやりたいことは，1000 サンプルにおける x と y の間の関係を説明することではありません．新しいサンプルの x の値をモデルに入力して，y の値をなるべく正確に推定することです．1000 サンプルで構築したモデルの性能を，同じ 1000 サンプルで評価すると，新しいサンプルをどのくらいの誤差で推定できるのかを評価できません．

　そのため，まず 1000 サンプルを 2 つに分けます．例えば 700 サンプルと 300 サンプル (合わせて 1000 サンプル) です．700 サンプルで PLS モデルと SVR モデルを構築して，300 サンプルの推定結果を 2 つのモデルの評価に使います．PLS モデルのほうが SVR モデルより 300 サンプルを精度よく推定できたら，SVR モデルではなく PLS モデルを使うことになります．

　注意点として，最終的に用いる PLS モデルは，700 サンプルで構築された PLS モデルではありません．すべてのサンプルである 1000 サンプルで (CV により成分数を決めてから)，PLS モデルを構築します．本当は，1000 サンプルで構築された PLS モデルと SVR モデルの，新しいサンプルに対する推定性能を評価したいのですが，それは難しいため，700 サンプルで構築された PLS モデルと SVR モデルの新しいサンプルに対する推定性能の優劣は，1000 サンプルで構築された PLS モデルと SVR モデルの新しいサンプルに対する推定性能の優劣と等しいと仮定して，評価しています．

そのため，700 サンプルで構築されたモデルと 1000 サンプルで構築されたモデルは似ている必要があります．そして 700 サンプルと 1000 サンプルも似ている必要があります．実際，1000 サンプルから 700 サンプルを選んでおり，実は 700 サンプルといわず，なるべく多くの (1000 に近い数の) サンプルを使用したいのが正直なところです．ただ，このサンプル数を大きくしてしまうと，構築したモデルを評価するためのサンプル (先ほどの 300 サンプル) が少なくなってしまい，評価結果の信憑性がなくなってしまいます．このあたりがジレンマです．

ジレンマは仕方ないとしても，1000 サンプルを例えば 700 サンプルと 300 サンプルにあらかじめ分けておくことで，PLS モデルと SVR モデルのどちらを用いるか決められます．ただし，PLS モデルといっても，実は一つではありません．主成分を何成分まで用いるかで PLS モデルは変わります．SVR モデルについても，ガウシアンカーネルを用いる場合は C, ε, γ としてどの値を用いるかで SVR モデルは変わります．主成分の数，C, ε, γ のようなパラメータのことをハイパーパラメータといいます．ハイパーパラメータの詳細については PLS[16] や SVR[19] の説明をご覧ください．

適切な回帰分析手法およびハイパーパラメータを選択する他の方法として，ハイパーパラメータの値の異なる複数の PLS モデルおよび複数の SVR モデルがある中で，すべて 700 サンプルでモデルを構築して，300 サンプルの推定を行い，それらの中から推定結果が最もよいモデル (例えば成分数が 3 の PLS モデル) を選択することも考えられます．しかし，この方法はよくありません．300 サンプルの推定結果について，少数のモデルの推定性能を比較するために使用するのは問題ありませんが，多数のモデルの中から最良なものを選択するような最適化には使えません．この理由は先ほどのジレンマと関係します．300 サンプルは元の 1000 サンプルから選んだサンプルです．700 サンプルで構築されたモデルにおいて，300 サンプルの推定結果がよければ，1000 サンプルで構築したモデルの新しいサンプルに対する推定結果もよい，と仮定しているだけです．300 サンプルの推定結果がよいモデルを多数のモデルの中から選んで最適化してしまうと，その 300 サンプルだけに特化したモデルになる可能性があります．300 サンプルにオーバーフィットしてしまいます．

そのため，300 サンプルの推定結果を比較するときまでに，少数のモデルに絞っておく必要があります．ただ，いくつが「少数」なのかは不明です．実際

は，PLS モデルで一つ，SVR モデルで一つ，といった具合に，手法ごとに一つ
のモデル，すなわち一つのハイパーパラメータの値を事前に選んでおくのが一
般的です．この PLS や SVR といった各手法における，事前のモデルの絞り込
み，言い換えるとハイパーパラメータの選択には，700 サンプルで CV[26] をする
ことが一般的です．PLS，SVR などの一つの手法があるときに，ハイパーパラ
メータの値を変えてそれぞれモデルの推定性能を CV により評価し，その推定
性能が最も高いハイパーパラメータの値を選びます．もちろん，CV といって
もバリデーションの一つであるため，先ほどの 700 サンプルと 300 サンプルに
分けて推定性能を評価するときの話 (ジレンマやオーバーフィッティング) はそ
のまま当てはまります．例えば CV で fold 数を決めるときには，ジレンマを考
える必要があります．

　CV を使わずに，700 サンプルをさらに 500 サンプルと 200 サンプルのように
分け，200 サンプルの推定性能が高いハイパーパラメータの値を選択する，と
いったこともできます．ただ，それではさらにトレーニングデータのサンプル
数が小さくなってしまい，さらにその 200 サンプルのみに特化したハイパーパ
ラメータが選択されてしまう恐れもあります．そのため一般的には CV が用い
られます．

　まとめると，全部で 1000 サンプルあるとき，まず 700 サンプルと 300 サン
プルとに分けます．そして 700 サンプルで CV をして一つの PLS モデル，一つ
の SVR を選びます．最後に，300 サンプルの推定結果を 2 つのモデル (PLS モ
デル・SVR モデル) で比較して，どちらのモデルを用いるか決めます．「700 サ
ンプルと 300 サンプルとに分けます」のところにも CV のやり方を用いるのが
8.9 節のダブルクロスバリデーション (DCV) です．CV は，ある手法におけるハ
イパーパラメータの値ごとのモデルの推定性能を評価する一方で，DCV は，手
法ごとのモデルの推定性能を評価します．DCV を使うときでも使わないときで
も，最終的なモデル (PLS モデルか SVR モデル) は，すべてのサンプル (1000 サ
ンプル) で構築します．DCV でも，700 サンプルと 300 サンプルに分けて推定
性能を評価するときの話 (ジレンマやオーバーフィッティング) はそのまま当て
はまるため注意が必要です．

8.3 最適化する際の注意点

例えば回帰分析で，最小二乗法 (OLS) による線形重回帰分析[15] をしたとします．クロスバリデーション (CV) により外部データに対する OLS モデルの推定性能を評価できます．CV を行った際の目的変数 y の推定値を用いて，r^2，RMSE，MAE を計算します．また，PLS[16] をして，OLS とどちらが推定性能の高いモデルを構築できるか比較するとします．

PLS では，成分数を $1, 2, 3, \ldots$ と変えて，それぞれ CV で外部データに対する PLS モデルの推定性能を評価します．CV の fold 数などの設定は OLS のときと同じとします．PLS におけるそれぞれの成分数で CV 後の r^2 を計算し，最も r^2 が大きい成分数を選択し，その成分数で PLS モデルを構築します．

OLS における CV 後の r^2 と PLS における CV 後の r^2 を比べると，PLS の r^2 のほうが大きいとき，OLS モデルより PLS モデルのほうが推定性能が高いといえるでしょうか．残念ながらいえません．なぜなら PLS では，CV の評価結果を用いて，成分数の最適化をしているためです．PLS で成分数を $1, 2, 3, \ldots, 9$，10 と 10 通りで変えているとすると，PLS では r^2 の値が 10 個ある中で最も高い値を選んでいます．一方 OLS では 1 個しかありません．CV の結果で比較しようとすると，OLS と比べて PLS のほうが有利です．言い方を変えると，PLS ではモデルが CV におけるバリデーションデータにオーバーフィットしている危険があります．

CV という推定性能の評価方法が悪いわけではありません．たとえ最初にデータセットをトレーニングデータとテストデータに分け，PLS の成分数をテストデータの r^2 が最大になるように選んだとしても，全く同じことがいえます．PLS モデルにおけるテストデータの r^2 の値が，OLS モデルの r^2 の値と比べて大きかったとしても，PLS モデルの推定性能が高いとはいえません．ここでの PLS はモデルがテストデータにオーバーフィットしている危険があります．

CV でもテストデータを用いた方法 (外部バリデーション) でも，ある方法でモデルの推定性能を評価したとしても，その結果で何かを最適化したら，他と比較するための評価にはなりません．そのため，何か最適化をしたときは，最適化後に別の方法で再び推定性能を評価する必要があります．例えば，CV で PLS も成分数を選んだあとに，事前に準備しておいたテストデータで推定性能を評

価したり，サンプル数が小さいときには，ダブルクロスバリデーション (DCV) で評価したりします．

モデルのハイパーパラメータに関しては，最適化の結果を評価に使用するべきでないことはわかりやすいと思います．しかしほかにも，特徴量選択，サンプル選択，外れ値処理や平滑化といったデータの前処理など，いろいろなところに最適化は潜んでいます．これらの最適化の結果を評価に使ってはいけないのは見落としがちです．気づかないところで，モデルが何かにオーバーフィットしているかもしれません．もちろん 8.10 節の chance correlation (偶然の相関) の可能性もあります．モデルを評価した結果がよかった場合は注意しましょう．

8.4 ハイパーパラメータの選択に失敗してしまったときの対処法

データ解析の基本的な流れにおいて，ハイパーパラメータの候補ごとにクロスバリデーション (CV) を行い，回帰分析であれば決定係数 r^2 など，クラス分類であれば正解率などの指標が最大になるような候補を選択します．例えばガウシアンカーネルを用いたときのサポートベクターマシン (SVM) など，ハイパーパラメータの種類が複数あるときは，CV にグリッドサーチを組み合わせます．

CV も万能ではありませんので，モデルの推定性能が低くなってしまうハイパーパラメータの候補が選択されてしまう可能性もあります．テストデータで推定性能を検証する段階で，ハイパーパラメータの選択に失敗したときは，被害はその手法が選択されないだけで済みますが，問題はテストデータでの検証により選ばれた手法で，すべてのデータセットを用いて構築されたモデルを構築するときの失敗です．

トレーニングデータとテストデータに分けて，トレーニングデータのみでの CV でハイパーパラメータの選択に成功しても (その結果構築されたモデルでテストデータを良好に推定でき，その手法が選ばれたとしても)，すべてのデータセットでの CV で，ハイパーパラメータの選択に失敗する可能性があります．トレーニングデータすらも精度よく推定できなかったり，CV をしたときの推定精度が低くなってしまったりすることがあります．

このときは CV でランダムに分割する乱数の種や，CV で分割する数を変えてみるとよいでしょう．これにより別のハイパーパラメータの候補が選択される

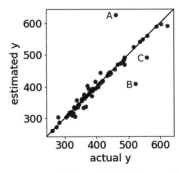

図 8.1 y の実測値 vs. 推定値プロットの例

可能性があります.

もう一つ，トレーニングデータのみでの CV で選択されたハイパーパラメータの候補を用いる方法があります．少なくともテストデータでの実績があるハイパーパラメータの候補であるため，トレーニングデータとすべてのデータセットとでモデル構築用のデータセットは異なりますが，試してみるとよいでしょう.

手法やデータセットによっては，ハイパーパラメータの選択がモデルの推定性能に大きく影響することもあります．注意してハイパーパラメータの候補を選びましょう.

 回帰分析における目的変数の実測値 vs. 推定値プロットの見方

回帰分析をしたとき，図 8.1 のような目的変数 y の実測値 vs. 推定値プロットが得られたとします．なおこのプロットは，文献[40] の論文にある沸点のデータセットを用いて，y を沸点，説明変数 x を RDKit で計算した記述子との間で，トレーニングデータ 220 サンプルを用いて構築された SVR モデルで，テストデータ 74 サンプルを予測した結果です.

図 8.1 の実測値 vs. 推定値プロットにおいて，多くのサンプルは対角線付近に固まっています．精度よく推定できていますね．ただ，A，B，C のようにいくつか対角線から外れているサンプル，つまり予測誤差の大きいサンプルもあります.

A，B，C のサンプルの誤差が大きい原因を考えてみましょう．以下のことが考えられます.

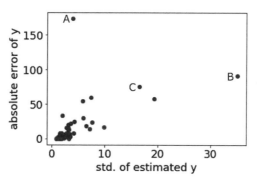

図 8.2 y の予測値の標準偏差と予測誤差の絶対値の関係

1) トレーニングデータに類似したサンプル (今回は化合物) がない, つまり A, B, C がモデルの適用範囲 (AD)[23) の外

2) 回帰モデルが y (今回は沸点) を説明できるほど学習できていない

3) 現状の特徴量では y を説明できない

4) y の実測値が誤り

　原因 1) を検討するためには AD[23) を考える必要があります. アンサンブル学習により AD を設定します. サブモデルの数を 50, 選択される記述子の数の割合を 0.8 にしたときに, SVR でアンサンブル学習をしたところ, テストデータにおける y の予測値の標準偏差と予測誤差の絶対値の関係は図 8.2 のようになりました. y の予測値の標準偏差が大きいときに, 予測誤差の絶対値のばらつきも大きい傾向があることが確認でき, B, C のサンプルはその関係性の中にあります. しかし A のサンプルは, 予測値の標準偏差が小さいにもかかわらず, 予測誤差の絶対値が大きいことがわかります. 予測値の標準偏差が小さいことから, トレーニングデータに類似した化合物がないとは考えにくいです. そのため予測誤差が大きい原因として, 1) ではなく 2), 3), 4) のどれかであると考えられます. もちろん B, C のサンプルにおいても, 2), 3), 4) が原因の可能性があります.

　原因 2) を検討するためには, SVR 以外の回帰分析手法も検討する必要があります. 他の回帰分析手法で A, B, C の予測誤差が他のサンプルの予測誤差と同程度になった場合は, SVR では y と x の間の関係をトレーニングデータから十分には学習できなかったと考えられます.

　原因 3) を検討するためには, 予測誤差の大きなサンプル (今回は化合物) と特

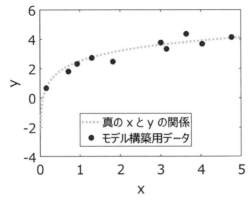

図 8.3 x と y のデータセットの例

徴量の値が類似したサンプルや，化学構造が類似したサンプルや，y の値が近いサンプルを調べてみましょう．例えば特徴量の値が類似していても y の値が異なる場合は，y の差異を表現するための特徴量を開発することで予測誤差が小さくなる可能性があります (原因 4) の可能性もあります)．

　原因 4) を検討するためには，y の実測値のデータを確認する必要があります．

　回帰モデルを用いて，新たなサンプルを予測するときにも注意が必要です．予測誤差が大きいサンプルにおいて対処できず，記述子やサンプルを変更せずに SVR モデルで y の値を予測する場合は，これらのサンプルと類似したサンプルも同様にして大きな誤差をもつ可能性があります．注意しましょう．

8.6　オーバーフィッティング (過学習) とその対処法

　データ解析・機械学習により目的変数 y と説明変数 x との間でモデル $y = f(x)$ を構築するとき，オーバーフィッティング (過学習) が問題になります．図 8.3 のように，x と y のデータセットとして 10 サンプルがある場合を考えます．点線は真の x と y との関係を表します．y には測定誤差があるため，点線上ではなく点線から少し外れた値として 10 点測定された状況を仮定しています．

　x から y を推定する回帰モデル $y = f(x)$ を求めることを考えます．ここでは以下の 2 つのモデルを仮定します

　モデル A：$y = a_0 + a_1 x + a_2 x^2 + a_3 x^3$

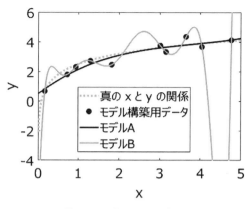

図 8.4 モデル A とモデル B

モデル B：$y = b_0 + b_1x + b_2x^2 + b_3x^3 + b_4x^4 + b_5x^5 + b_6x^6 + b_7x^7 + b_8x^8 + b_9x^9$

モデル A が x の 3 次式，モデル B が x の 9 次式です．a_0，a_1，a_2，a_3 や b_0，b_1，b_2 などを OLS[15] により求めます．求めた後に，モデル A とモデル B を図示した結果が図 8.4 です．図より，モデル B はすべてのモデル構築用データを正確に通っていることがわかります．これは，モデル構築用データにおける y の実際の値と，モデル B によって計算された値の誤差がほぼ 0 であることを意味します．ただ，y には測定誤差もあるため，誤差が 0 になるのは不自然です．さらに，モデル B の形 ($y = b_0 + b_1x + b_2x^2 + b_3x^3 + b_4x^4 + b_5x^5 + b_6x^6 + b_7x^7 + b_8x^8 + b_9x^9$) が真の x と y の関係の形とも限りません．実際，図 8.4 より真の x と y との関係である点線とモデル B は大きく離れています．特に x が 4 から 5 の間では，線が図の外にあり，例えば x= 4.5 のときの y の値をモデル B で計算すると −10.7 になりますが，実際は 4.0 です．このように，トレーニングデータに対してモデルが過度に適合することで，トレーニングデータの誤差は小さくなる一方で，トレーニングデータになり新しいサンプルにおける誤差が大きくなってしまうことを，オーバーフィッティング (過学習) と呼びます．

　図 8.4 のモデル A を見ると，線とトレーニングデータとは多少離れており，y の値に誤差はありますが，真の x と y との関係をうまく表現しています．このようなときは，新しいサンプルの y の値を推定しても，トレーニングデータにおける誤差と同程度の誤差で推定できます．y に測定誤差があるとき，多少誤差が生じるのは仕方ない，ともいえます．

　オーバーフィッティングを防ぐ方法は，大きく分けて以下の 3 つがあります．

表8.1　モデル A の回帰係数	
a_0	0.483
a_1	2.87
a_2	−3.25
a_3	1.31

表8.2　モデル B の回帰係数			
b_0	−9.09	b_5	410
b_1	107	b_6	−148
b_2	−383	b_7	31.8
b_3	684	b_8	−3.72
b_4	−686	b_9	0.182

1) x の数を減らしたり，データ量を圧縮したりする方法
2) 回帰係数の絶対値が大きくならないようにする方法
3) 学習を途中でストップする方法

　順に説明します．一つ目の x の削減について，モデル A とモデル B を見たとき，モデル A は 3 次式で x は 3 つですが，モデル B は 9 次式で x は 9 つです．モデル B のように x の数が多いとオーバーフィットしやすいため，x を選択して減らしたほうが望ましいです．データ量の圧縮について，主成分分析 (PCA)[14] や PLS[16] などにより x を主成分もしくは潜在変数に変換してから，回帰分析をします．

　2 つ目の方法を説明するために，モデル A とモデル B の回帰係数を表 8.1，表 8.2 で確認します．表より，モデル B の係数は絶対値が非常に大きいことがわかります．モデルがオーバーフィットするとき，回帰係数の値が大きくなる傾向があります．そのため，回帰係数の値が大きくならないように，回帰分析を行うことで，オーバーフィッティングを防ぎます．そのような方法の例がリッジ回帰 (ridge regression：RR)[61], least absolute shrinkage and selection operator (LASSO)[61], elastic net (EN)[61]，SVR[19] です．

　3 つ目の方法として，例えばニューラルネットワークを学習させるときに使われる誤差逆伝播法 (バックプロパゲーション，backpropagation)[60] において，学習すればするほど誤差は小さくなるのですが，途中で学習を止めます．止めるタイミングとしては，トレーニングデータとは別のデータセットを準備しておき，そのデータセットの誤差が十分に小さくなったときや，クロスバリデーション (CV) したときの誤差が小さくなったときなどです．なお誤差逆伝播法は，深層学習によるニューラルネットワーク (DNN) でも使われています．

8.7 小さなデータセットが抱える大きな問題と，その対処法

　サンプル数が小さいデータセットには，回帰分析やクラス分類をするときの大きな問題があります．回帰分析やクラス分類における問題というと，精度の高いモデルが構築できないことを想像するかもしれませんが，その逆です．精度の高いモデルができてしまうことが問題です．

　話を単純にするため，小さなサンプル数のデータセットを用いて，OLS[15] を行うこと考えます．OLS では，目的変数 y におけるサンプルの誤差の二乗和を小さくするように，各説明変数 x の係数 (回帰係数) を決めます．サンプル数が小さく，x の数が大きいことは，小さくしなければならない誤差の数 (= サンプル数) は小さい一方で，自由に値を変化できる回帰係数の数 (= x の数) は大きいことを意味します．誤差を小さくしやすい状況であるため，例えば乱数で値を生成した特徴量のような，y と全く関係のない特徴量でも，x に (たくさん) あるときに偶然に y と合ってしまう (誤差が小さくなってしまう) 可能性が高くなります．x の組み合わせで，y の誤差を小さくするよう回帰係数を決めるため，誤差の二乗和が偶然に小さくなることも多いといえます．

　他の回帰分析・クラス分類手法でも同じような状況です．OLS では自由に変化できるパラメータである回帰係数の数が，x の数と同じでしたが，特にニューラルネットワークなどの非線形モデルでは，パラメータの数が OLS と比べて多く，さらに誤差を小さくしやすい状況です．結果的に，x と y の間の，本質的な関係の有無にかかわらず，精度の高いモデルが構築されてしまいます．

　精度の高いモデルができた，と喜ぶかもしれませんが，実際には意味のないモデルである可能性も高いといえます．このような誤解が，小さなデータセットが抱える大きな問題です．モデルの精度は高いと誤解して，新たなデータの予測を行っても，予測は当たりません．これだけでも問題であり，さらには統計モデルや機械学習に対する信頼が失われてしまうこともまた問題です．

　構築したモデルの予測精度は，クロスバリデーション (CV) で検証済みである，と考える方がいらっしゃるかもしれません．しかし，CV も万能ではありません．CV で評価した結果を最適化に使用しているときの問題については 8.3 節をご覧ください．

　サンプル数が小さいデータセットの中にも，y と x の間に本質的な関係があ

るかもしれません．しかし，サンプル数が少ないと，本質的な関係の有無にかかわらず，精度の高いモデルが構築されてしまう可能性があるため，本質的な関係があるかないかを調べることは難しいといえます．

　本質的な関係を抽出するために必要なサンプル数は，x の数や x と y の関係，すなわちデータセットによって変わるため，いくつ以上なら問題ない，とはいえません．できることは，そのデータセットを用いたときに，偶然による精度の高いモデルの構築されやすさがどれくらいか，を検証することです．これには 8.10 節の y ランダマイゼーション (y-randomization もしくは y-scrambling) を用います．y ランダマイゼーションで，chance correlation (偶然の相関) の危険度を評価します．y ランダマイゼーションしたときにも，精度の高いモデルが構築されてしまったら，残念ながら y の値をシャッフルする前の正しいデータセットでも，精度の高いモデルが構築されたのは偶然の可能性が高いといえます．

　y ランダマイゼーションでも結果がよくなってしまった場合，つまり今のデータセットでは偶然に精度の高いモデルが構築される可能性が高い場合の対処法はあります．それは，データ解析をすることなく，主観的に特徴量選択をすることです．y を説明するために大事で，しかもなるべく小さい数の x を手動で選択してください．

　y ランダマイゼーションでも結果がよくなりやすい (=偶然に精度が高くなる危険が高い) のは，サンプル数が小さく，x の数が大きい場合です．サンプル数を増やすことは難しいため，x の数を減らします．x を選択して，数を減らした後に，再びモデル構築したり，y ランダマイゼーション後にモデル構築したりしましょう．モデル構築したときの精度は高いままで，y ランダマイゼーション後にモデル構築したときの精度が低くなる可能性があります．

　大事なことは，x を選択するときに y を用いない，ということです．回帰分析やクラス分類といった手法を (一部に) 用いる x の選択では，基本的にはモデルの予測精度が高くなるように，特徴量選択をします．その結果，y との間に偶然に相関のある x の組み合わせが選ばれてしまいます．言い方を変えると，y のみをシャッフルした後に特徴量選択をしても，モデルの精度が高くなるような x が選ばれてしまいます．そのため，y を用いずに事前知識などを活用して x を選択するようにしましょう．

8.8 回帰分析・クラス分類をするときの，トレーニングデータとテストデータの分け方

　回帰分析やクラス分類をするとき，大きな目的の一つは，新しいサンプルに対する推定性能が高いモデルを構築することです．そのためトレーニングデータでモデルを構築して，そのモデルの新しいサンプルに対する推定性能をテストデータで検証します．あるデータセットをトレーニングデータとテストデータに分けることを考えます (クロスバリデーション (CV) でハイパーパラメータを最適化することを想定し，バリデーションデータは用いません).

　どのようにトレーニングデータとテストデータに分ければよいでしょうか．適切な分割方法は，モデルを用いる目的によって異なります．データセットが時系列データである場合を考えます．時系列データというのは，時間にそって測定・観測されたサンプルであり，その時間的な順番に意味があるデータのことです．例えば，毎日の株価データ，毎月の売上データ，プラントにおける温度・圧力などの測定データなどです．特にデータセットが時系列データのとき，ある時間に測定されたデータで構築されたモデルを用いて，その次の時刻のデータを推定・予測することが目的であることがあります．モデルを構築するとき，持っているデータはすべて過去のデータであり，構築したモデルを使って推定するのは，今もしくは未来のデータです．モデルの推定性能の検証も，同じような状況で行うほうが望ましいです．

　例えばデータセットを適当に (ランダムに) 分けてしまうと，未来のデータを使ってモデルを構築し，過去のデータを推定する，といったような状況が起きてしまいます．そこで，トレーニングデータとテストデータを時間で区切り，より昔のデータをトレーニングデータとします．例えば，2021 年から 2023 年のデータがあるとき，以下のようにトレーニングデータとテストデータに分けます．

- トレーニングデータ：2021 年および 2022 年のデータ
- テストデータ：2023 年のデータ

　トレーニングデータとテストデータのサンプルの比としては，トレーニングデータが 70〜80% くらい，残りがテストデータがよいでしょう．

　データセットが時系列データではなく，化合物のデータや材料のデータなどを扱うときを考えます．トレーニングデータとテストデータに分ける方法とし

ては，基本的にはランダムに分ければ問題ありません．ランダムにトレーニングデータを選び，残りをテストデータとします．トレーニングデータとテストデータのサンプルの比としては，トレーニングデータが70〜80%くらい，残りがテストデータがよいでしょう．そもそもトレーニングデータのサンプル数が十分にないと，安定的に回帰モデル・クラス分類モデルを構築できないため，トレーニングデータのサンプル数を多めにしておきます．

　基本的には，トレーニングデータとテストデータについて，それぞれ偏りなくばらついたデータを選ぶことが大切です．回帰モデル・クラス分類モデルには，AD[23]がありますので，トレーニングデータから離れたサンプルを精度よく推定することはできません．テストデータで検証したいのは，トレーニングデータとある程度類似したサンプルを，どれくらいの精度で推定できるか，といえます．

　上で述べたランダムにトレーニングデータとテストデータとを選ぶ方法なら，たまたま偏ることはほぼ起きないため，偏りなくばらつくトレーニングデータとテストデータを分けることができます．ただ，より積極的に，トレーニングデータをまんべんなくばらつかせてサンプルを選択する方法の一つに，Kennard-Stone (KS) アルゴリズムがあります．KS アルゴリズムでは以下の手順でトレーニングデータを選択します．

　　① データセットの説明変数について，サンプルの平均を計算する
　　② 平均とのユークリッド距離が一番大きいサンプルを選択する
　　③ まだ選択されていない各サンプルにおいて，これまで選択されたすべてのサンプルとの間でユークリッド距離を計算する
　　④ ③の距離の最小値を，各サンプルの代表距離とする
　　⑤ 代表距離が最も大きいサンプルを選択する
　　⑥ ③〜⑤を繰り返す

　このKS アルゴリズムで選ばれたサンプルをトレーニングデータ，選ばれなかったサンプルをテストデータとします．図8.5のように，すべてのサンプルからまんべんなくトレーニングデータを選択できます．

　KS アルゴリズムのサンプルプログラムはDCEKit[12]におけるdemo_kennard♪_stone.py です．KS アルゴリズムでサンプル群を2つに分割できます．ぜひご活用ください．

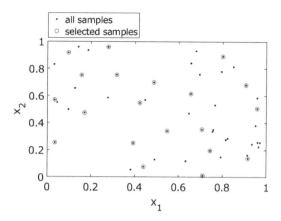

図 8.5 KS アルゴリズムによるサンプル選択

8.9 ダブルクロスバリデーション (モデルクロスバリデーション)

　一般的には，データセットが与えられたとき，サンプルをトレーニングデータとテストデータに分けます．そして，トレーニングデータで構築された回帰モデルやクラス分類モデルの推定性能を，テストデータで検証します．回帰分析手法・クラス分類手法の中には，モデルを構築する前に決める必要のあるパラメータ (ハイパーパラメータ) が存在します．例えば，PLS[16] における成分数，SVM[18] における C やガウシアンカーネルの γ などです．このようなハイパーパラメータの値の決め方として，クロスバリデーション (CV) が一般的です．CV の概念図を図 8.6 に示します．この図は 3-fold CV の例です．まず，トレーニングデータのサンプルを 3 つのグループにランダムに分けます．例えば 90 サンプルあったら，ランダムに 30 サンプル，30 サンプル，30 サンプルに分割されます．そして，2 つのグループのみでモデルを構築して残りの 1 つのグループの y を予測する，といったことをすべてのグループが一度予測用のグループになるまで 3 回繰り返します．CV を行った後の y の推定値と実際の y の値との間で，回帰分析であれば r^2，クラス分類であれば正解率などの指標を計算します．そして，ハイパーパラメータの値 (の組み合わせ) ごとに CV を行い，指標の値が最もよくなるハイパーパラメータの値を選びます．ここで選んだハイパーパラメータの値を用いて，すべてのトレーニングデータでモデルを構築して，そのモデルの推定性能をテストデータで検証します．なおサンプル数がある程度大

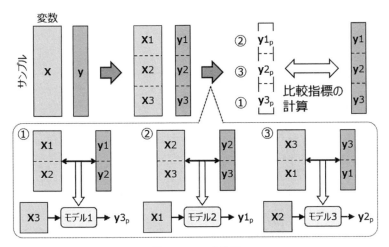

図 8.6 CV の概念図

きいときに実際によく用いられるのは，5-fold CV や 2-fold CV です．

　CV によって，モデルを構築したサンプルではないサンプルの y の値を推定しています．ある程度モデルの推定性能を確認できているはずです．新たにモデルの推定性能を検証するためにテストデータは必要でしょうか．はい，必要です．なぜなら CV の結果がよくなるようにハイパーパラメータの値を決めているためです．CV の結果を実測値にフィッティング (適合) して，ハイパーパラメータの値を決定しているといえます．たとえ CV をしたとしても，最初にトレーニングデータとテストデータに分ける必要があります．

　例えば 30 サンプルなど，最初のデータセットにおけるサンプル数が極端に小さいときを考えます．トレーニングデータとテストデータに分けることで，モデルを構築するためのサンプルの数が元のデータセットのサンプル数の 70〜80％ になり，サンプル数がさらに小さくなってしまいます．これでは安定的にモデルを構築することができません．トレーニングデータのサンプルを増やすと，テストデータのサンプルが少なくなってしまい，安定的にモデルを評価することができません．(真の推定精度は低いにもかかわらず) 偶然に推定結果が実際のサンプルと一致した手法が選択されてしまう危険があります．

　トレーニングデータのサンプルを増やしたい一方で，テストデータのサンプルも増やしたい，このジレンマを解決するため，ダブルクロスバリデーション (DCV)[56] が用いられます．CV と名前が似ており，後で詳しく解説するように実

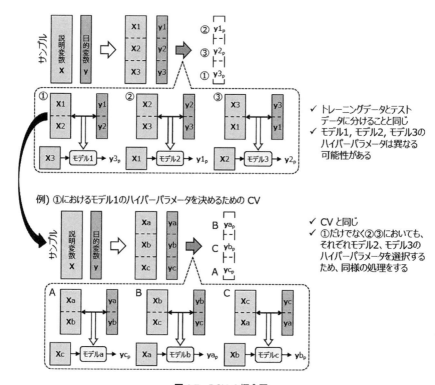

図 8.7 DCV の概念図

際の内容も，名前の通り CV を二重 (double) にして (入れ子にして) 行うもので
すが，DCV と CV は目的が異なるため注意してください．CV は各手法におけ
るハイパーパラメータを選択するために用いられ，DCV は手法を選択するため
に用いられます．DCV の目的は，トレーニングデータとテストデータを分割し
てモデルの推定性能を検証する目的と全く同じです．

　DCV の概要を図 8.7 に示します．図 8.6 と対比してご覧ください．図 8.7 に
は CV の図が 2 つあります．上の CV を外側の CV，下の CV を内側の CV と呼
びます．図 8.7 では説明をしやすくするため，外側の CV でも内側の CV でも
3-fold としています．外側の CV では，トレーニングデータとテストデータに分
けることと同じです．図 8.7 では 3 回 (①②③)，トレーニングデータとテスト
データに分割しているとお考えください．①②③における，それぞれモデル 1，
モデル 2，モデル 3 のハイパーパラメータを決めるため，内側の CV (下の CV)
が行われます．これは図 8.6 の CV と同じです．DCV における外側の CV の推

定結果と実際の y を比較することで，モデルの推定精度を検証します．

　図 8.7 の説明では，外側の CV でも内側の CV でも 3-fold としましたが，先述したとおり基本的にサンプル数が小さいときに DCV が用いられるため，外側の CV ではサンプル数だけ分割する leave-one-out であることが多いです．ただ，5-fold CV や 2-fold CV などを行うとき，ランダムにサンプルを分けるため，乱数の具合によって結果が多少変わってしまいます．そのため，DCV を何回か行い，その結果の平均やばらつきを確認するとより細かくモデルを検証できます．

　DCV のサンプルプログラムは DCEKit[12) における demo_double_cross_val‿idation_for_pls.py です．このプログラムでは回帰分析手法の一つである PLS を対象にして，DCV を行います．ただ PLS 以外にも容易に応用することが可能です．ぜひご活用ください．

 y ランダマイゼーションでオーバーフィッティング (過学習)，chance correlation (偶然の相関) の危険度を評価

　y ランダマイゼーション (y-randomization もしくは y-scrambling) についてです．y-randomization によって，解析しているデータセットが用いている回帰分析・クラス分類手法によりどのくらいオーバーフィットしやすいかを評価できます．

　y-randomization では，あえておかしなことをします．目的変数 y の値をサンプル間でシャッフルして，回帰モデル・クラス分類モデルを構築します．注意点としては，ハイパーパラメータもシャッフルした後の y を使ってあらためて最適化してください．そして，この y の値のシャッフルと (ハイパーパラメータの最適化および) 回帰モデル・クラス分類モデルの構築を繰り返します．

　y-randomization の意味を考えます．回帰モデル・クラス分類モデルを構築するとき，推定性能の高いモデルを構築することが目的の一つになります．回帰分析を行うとき，トレーニングデータにおける決定係数 r^2 の値が 1 に近い値で，RMSE や MAE が 0 に近い値のとき，以下の 2 つの可能性があります．

　① 推定性能の高いモデルを構築できた

　② モデルがトレーニングデータにオーバーフィットしている

　もちろん実際は①と②の間のどこかにいます．説明変数 x の数が小さいほど，サンプルの数が大きいほど，①の傾向が強くなり，その逆 (x の数が大きくサンプル数が小さい) になるほど，②の傾向が強くなります．

サンプル数が小さいときに問題となるのが，chance correlation (偶然の相関) です．chance correlation とは，実際には x と y との間には何も関係がないにもかかわらず，偶然に相関関係が得られてしまうことです．例えば，乱数で生成した x にもかかわらず y との相関係数が高い，といった状況です．サンプル数が少ないほど，chance correlation が起きやすくなります．また，x の数が多くなるほど，chance correlation の可能性が高くなります．

そこで y-randomization では，あえて y をシャッフルすることで，普通であれば精度の高いモデルは作れない状況にします．r^2 が 0 付近になり，RMSE, MAE が大きくなるのが普通です．しかし，chance correlation が生じやすい状況では，y をシャッフルしたようなおかしな状況でも，chance correlation によって精度の高いモデルが構築されてしまいます．r^2 が 1 付近になり，RMSE, MAE が小さくなるわけです．つまり，y-randomization によって計算された r^2, RMSE, MAE が，元の r^2, RMSE, MAE と近いほど，元のデータセットを用いてモデリングしたときに chance correlation が起きている可能性が高い，ということです．y-randomization を複数回行って，そのときの r^2, RMSE, MAE の分布を見るとよいでしょう．

y-randomization により，解析しているデータセットと回帰分析手法の組み合わせは①になりやすいのか，②になりやすいのか，すなわち chance correlation によって r^2 が高く，RMSE, MAE が小さくなってしまったのか，を評価できます．

y-randomization のサンプルプログラムは DCEKit[12] における以下の 2 つです．

- demo_y_randomization.py：回帰分析手法としてハイパーパラメータのない OLS もしくは GPR (カーネル関数設定済み) を使用
- demo_y_randomization_with_hyperparameter.py：回帰分析手法としてハイパーパラメータのある PLS を使用

回帰分析のときに，y-randomization によって chance correlation の程度を評価できます．ぜひご活用ください．

続いて，トレーニングデータにおけるサンプル数が大きいときと小さいときに，それぞれ y-randomization で検証を行います．

■ トレーニングデータにおけるサンプル数が大きいとき

まず，トレーニングデータにおけるサンプル数がある程度大きいときとして，2000 個のときを考えます．トレーニングデータで PLS モデルを構築し，10000 個のテストデータを予測した結果を表 8.3 に示します．本来であれば，データ

表 8.3　トレーニングデータにおけるサンプル数が多いときのモデル構築
および予測の結果

	r^2	RMSE	MAE
トレーニングデータ	0.969	29.2	23.4
テストデータ	0.967	30.9	24.6

表 8.4　トレーニングデータにおけるサンプル数が多いときの　y-
randomization の結果

	r^2	RMSE	MAE
30 回の y-randomization の平均	0.05	162.1	129.7

セットが異なるときに r^2 の値を比較してはいけませんが，今回はトレーニング
データもテストデータも同じ関数から生成したものであり，データ分布はほと
んど同じであるため，比較します．表 8.3 より，トレーニングデータ・テスト
データそれぞれの r^2 は 1 に近く，精度の高いモデルおよび良好な推定結果が得
られたことがわかります．また，トレーニングデータの RMSE, MAE と，テス
トデータの RMSE, MAE とが，それぞれ大きくは離れていません．このとき，
①の「推定性能の高いモデルを構築できた」ときと考えられます．ただこれは，
テストデータがあるからこそわかることです．

　ここでテストデータがないと仮定し，トレーニングデータのみを用いて 30 回
y-randomization を行います．表 8.4 に r^2, RMSE, MAE それぞれの 30 回の平均
値を示します．なおサンプルコードでは 30 回の分布も確認できます．r^2 は 0
付近であり，RMSE, MAE が元のデータセットの結果より大きくなっているこ
とから，今回のデータセットと PLS との組み合わせでは，chance correlation は
ほとんど起きていないといえます．実際，トレーニングデータの推定結果と同
様の精度で，テストデータを推定できています．

■ トレーニングデータにおけるサンプル数が小さいとき

　次に，トレーニングデータにおけるサンプルを減らして 100 個にしたときを
考えます．トレーニングデータで PLS モデルを構築し，10000 個のテストデー
タを予測した結果を表 8.5 に示します．ここでもトレーニングデータもテスト
データも同じ関数から生成したものでありデータ分布はほとんど同じであるた
め，r^2, RMSE, MAE を比較します．表 8.5 より，トレーニングデータの r^2 は 1
に近い一方で，テストデータの r^2 は小さく，またトレーニングデータの RMSE,
MAE よりテストデータの RMSE, MAE が非常に大きいことがわかります．今

表 8.5　トレーニングデータにおけるサンプル数が少ないときのモデル構築および予測の結果

	r^2	RMSE	MAE
トレーニングデータ	0.998	6.9	5.8
テストデータ	0.673	90.8	72.3

表 8.6　トレーニングデータにおけるサンプル数が少ないときの y-randomization の結果

	r^2	RMSE	MAE
30 回の y-randomization の平均	0.95	33.0	26.6

回は，②の「モデルがトレーニングデータにオーバーフィットしている」状況だと考えられます．chance correlation もあったことからよくフィッティングしたと考えられます．しかし，このオーバーフィッティングの状況は，テストデータがあるからこそわかりました．テストデータがなければ，推定精度の高いモデルなのかオーバーフィットしているのか，わかりません．

ここで，トレーニングデータのみを用いて 30 回 y-randomization を行います．r^2，RMSE，MAE の平均値を表 8.6 に示します．なおサンプルコードでは，30 回の分布も確認できます．表より，r^2 は 1 に近いことから，今回のデータセットと PLS との組み合わせで，chance correlation が起きうると考えられます．実際，トレーニングデータの推定結果と比較して，テストデータの推定性能は低いです．chance correlation によってモデルがトレーニングデータにオーバーフィットしてしまったためです．

このように，y-randomization により扱うデータセットと回帰分析手法との組み合わせで，chance correlation が起きやすいのかどうかや，オーバーフィットしているのかどうかを確認できます．なおサンプルコードでは，クロスバリデーション (CV) の結果も一緒に比較しています．

■ 特徴量選択のときの y-randomization

x を最適化するときも，chance correlation が生じやすいです．例えば，genetic algorithm-based partial least squares (GAPLS) や genetic algorithm-based support vector regression (GASVR) を用いるとき，トレーニングデータの r^2 ではなく CV 後の r^2 (r^2_{CV}) を最大化しているとはいえ，特にサンプル数が小さいとき，chance correlation によりオーバーフィットすることがあります．実際，y-randomization して GAPLS をしたときに，r^2_{CV} が 1 近くになることもあります．このようなとき，元のデー

タセットで GAPLS により選択された x は，chance correlation により選択された x と考えられます．特徴量選択をするときは並行して，y-randomization してから同様に特徴量選択を行い，結果を比較・確認するとよいでしょう．

8.11　クロスバリデーションのとき，特徴量の標準化はどうするか

　テストデータを予測するとき，トレーニングデータの平均値・標準偏差を用いてテストデータの特徴量の標準化 (オートスケーリング) をします．では，クロスバリデーション (CV) におけるオートスケーリングはどのようにしたらよいでしょうか．最初にトレーニングデータでオートスケーリングするだけでよいでしょうか．それとも CV における分割ごとにオートスケーリングしたほうがよいでしょうか．

　回帰分析を例にして，データ解析の流れを整理しながら説明します．データセットが与えられたら，トレーニングデータとテストデータに分けます．テストデータにおける目的変数 y の値は未知と仮定して，様々な回帰分析手法でモデルを構築し，それぞれのモデルでテストデータの y の値を推定します．その後，実際はテストデータの y の値 (正解) はわかっているため，正解を用いてそれぞれのモデルの推定性能を検証します．推定性能の高いモデルを構築した回帰分析手法を実際に使用します．テストデータを推定する目的は，y が未知のサンプルに対するモデルの推定性能を検証することで最終的に用いる回帰分析手法を決めることです．

　推定したいデータ (テストデータ) における y の値は未知であることが前提です．もしトレーニングデータとテストデータを合わせた平均値や標準偏差でオートスケーリングすると，テストデータの y の値が事前にわかっていることになってしまうため，y の値がわかっている (と仮定した) トレーニングデータの平均値・標準偏差でオートスケーリングします．

　一方で説明変数 x に関しては，テストデータの値がわかっていることに問題はないため，トレーニングデータとテストデータを合わせた平均値や標準偏差を用いてオートスケーリングすることはできます．ただ，推定したいデータ (テストデータ) が変われば，平均値・標準偏差が変わり，オートスケーリングの結果が変わるため，そのサンプルを用いて構築されたモデルも変わります．テス

トデータの外れ値によってモデルが不安定になる可能性もあるため，基本的には x もトレーニングデータの平均値・標準偏差でオートスケーリングします．なお，PLS[16] のように，トレーニングデータの x (と y) の平均値が 0 であることが前提である手法では，トレーニングデータとテストデータを合わせた平均値・標準偏差でオートスケーリングすると，トレーニングデータのみでの平均値が 0 ではなくなってしまうため問題です．

　続いて CV について考えます．回帰分析手法によっては，トレーニングデータでモデルを構築する前に決めなければならないパラメータ (ハイパーパラメータ) があります．多くの場合，ハイパーパラメータを決めるのに CV が用いられます．この CV の目的は，ハイパーパラメータの値を決めることです．y の値が未知のサンプルに対する推定性能はテストデータで検証されるため，CV では，ハイパーパラメータの適切な値さえ決められれば OK です．CV で分割した，すべてのグループにおいて y の値がわかっていると仮定しても問題ありません．

　これを踏まえて，CV におけるオートスケーリングの方法には以下の 2 通りがあります．

① CV において分割して得られる一部のモデル構築用データの平均値や標準偏差を用いて，同じく分割して得られるモデル検証用データのオートスケーリングをする

② CV 前に，トレーニングデータ全体の平均値や標準偏差を用いて，トレーニングデータ全体のオートスケーリングをする

　①は，トレーニングデータとテストデータに分割したときのオートスケーリングに似ています．②では，CV において分割して得られるモデル検証用データの y の値もわかっていることが前提であり，さらに CV において分割して得られる一部のモデル構築用データの平均値は 0 からズレてしまいます．ただ，①では分割することでサンプルが少なくなり，それによりトレーニングデータで標準偏差が 0 の説明変数が出たときに，それを削除する必要がありますが，②ではその必要がありません．①では分割したあとに用いるモデル構築用データごとに x が変わることになり，x の異なるモデルによる推定結果を評価することで適切なハイパーパラメータの値を決定できるのか，疑問が残ります．事前に，CV において分割することで削除されそうな x を削除することも考えられますが，CV の有無で用いる x が異なってしまいます．

　以上のように，①の方法にも，②の方法にも，メリット・デメリットがあり，

どちらが正解というわけではありません. ただ著者は総合的に考えて②の方法を採用しています.

8.12 クロスバリデーションなしでのハイパーパラメータの最適化

　データ解析をしていると, 様々な理由でクロスバリデーション (CV) ができない, CV をしたくないことがあります.

　一つはサンプルが少なすぎるためです. CV では, 最初のトレーニングデータから, さらにモデル構築用データとモデル検証用データに分けます. モデル構築用データを用いて構築された回帰モデルを用いて, モデル検証用データを推定することを繰り返します. そのため, CV 内でモデルを構築するときには, 最初のトレーニングデータのサンプル数から, さらにサンプル数が小さくなってしまいます. 例えば, トレーニングデータのサンプル数が 10 のときなど, もともとサンプル数が小さいときには, さらにトレーニングデータのサンプルが少なくなった CV 内において安定的な回帰モデルが構築されるとはいえません.

　2 つ目として, サンプル数が多すぎるときも CV をしたくありません. 例えば, 5-fold CV では, モデル構築用データによる回帰モデルの構築とモデル検証用データの予測を 5 回繰り返す必要があります. サンプル数が多いとき, 特にモデル構築に時間がかかるため, その回数をなるべく減らしたいといえます.

　最後に, すでに構築されている回帰モデルの推定性能を評価したいときは CV では対応できません. CV は, モデル構築用データとモデル検証用データを変えてモデル構築と予測を繰り返す必要があるため, すでに構築されたモデルの推定性能を評価することができません.

　CV をせずに, 新しいデータに対する非線形回帰モデルの予測性能を評価する方法があります. それは, トレーニングデータにおけるサンプルの中点を用いる方法です. 中点は平均を計算することで求められ, 例えば 1 と 5 の中点は (1+5)/2 = 3 になります. 同様にして, 2 つのサンプルにおいて, 説明変数 x と目的変数 y それぞれで中点を計算し, それを, あたかも実際のサンプルのように扱います. (仮想的な) 中点のサンプルを集めたものを, バリデーションデータとして用います.

　ただ, 中点を計算するといっても, トレーニングデータにおけるすべてのサン

プルの組み合わせで中点を計算するわけではありません. なぜなら, バリデーションデータとして, トレーニングデータと同じデータ分布に従うようなサンプルが望ましいわけですが, 例えば変数間に非線形性があるときに, 遠く離れた 2 点の中点は, データ分布から離れた点になってしまう可能性があるためです. そこで, あるサンプルについて, そのサンプルと最も距離が近い k 個のサンプルとの間でだけ, 中点を計算します. 中点を計算するサンプルを選ぶ方法は, k 近傍法 (k-NN)[17] と同じです. そのため, この中点を, midpoints between k-nearest-neighbor data points of a training dataset (midknn)[62] と呼びます. この midknn を, あたかも実際のサンプルのようにバリデーションデータとして使用して, 推定性能が高くなるように非線形回帰モデルのハイパーパラメータを選択します. CV のかわりに, midknn によるバリデーションをするわけです. 例えば, midknn の決定係数 r^2 である r^2_{midknn} が最大になるハイパーパラメータを選択したり, midknn の RMSE である $RMSE_{midknn}$ が最小になるようにハイパーパラメータを選択したりします. なお k としては 10 がオススメです.

　midknn であれば, 上に挙げた CV の問題を改善できます. midknn によりバリデーションデータを新たに作成するため, トレーニングデータのサンプルをすべてモデル構築用データとして利用できます. また回帰モデルの推定性能を評価するとき, つまり r^2_{midknn} や $RMSE_{midknn}$ を計算するとき, 一度だけモデルを構築して midknn のデータを推定すればよいため, CV のように何回もモデル構築と予測を繰り返さなくても OK です. そして, すでに構築されたモデルがあるときも, midknn の x の値をそのモデルに入力して y の値を推定し, midknn の y の値と比較して r^2_{midknn} や $RMSE_{midknn}$ を計算することでモデルの評価ができます. あらかじめ構築されたモデルの推定性能でも評価できます.

　midknn のサンプルプログラムは DCEKit[12] における `demo_midknn_in_svr.♪py` です. このプログラムでは回帰分析手法の一つである SVR を対象にして, midknn でハイパーパラメータを選択します. ぜひご活用ください.

8.13　テストデータの MAE をトレーニングデータから推定する方法

　回帰分析において, 新しいサンプルを推定するときの誤差の絶対値の平均値を推定するための指標を開発しました. イメージとしては, テストデータとしてサ

ンプルがたくさんあるときの，AD 内のサンプルにおける MAE の値を推定します．MAE を推定するためのキーワードは y-randomization もしくは y-scrambling (8.10 節参照) です．なおクロスバリデーション (CV) は用いません．特にサンプル数が小さいときは CV の結果が不安定になり，また推定性能を評価したいモデル (テストデータを推定するモデル) と CV におけるモデルは異なるためです．

MAE は以下の式で推定します．

【新しいサンプルに対する平均的な誤差】
= 【モデル構築における誤差】+【偶然の相関による誤差】

(8.13)

【偶然の相関による誤差】とは，オーバーフィッティング (過学習) による誤差と言い換えることもできます．めったにありませんが，オーバーフィッティングせず適切にモデルを構築できれば，【新しいサンプルに対する平均的な誤差】=【モデル構築における誤差】となります．逆にオーバーフィッティングしてしまい，r^2 がほとんど 1 のようなケースでは，【モデル構築における誤差】は非常に小さい (ほぼ 0) ですが，【偶然の相関による誤差】が大きくなり，結果的に【新しいサンプルに対する平均的な誤差】が大きくなります．

【モデル構築における誤差】と【偶然の相関による誤差】の計算方法について説明します．【モデル構築における誤差】は，トレーニングデータで回帰モデルを構築し，同じトレーニングデータで計算された MAE です．これを MAE_{TRAIN} と呼びます．モデル構築後に MAE_{TRAIN} を計算しましょう．

【偶然の相関による誤差】についてです．まず，構築したモデルが機能していないことを，モデルにどんな説明変数 x の値を入力しても，トレーニングデータにおける目的変数 y の平均値を出力することとします．このときのトレーニングデータにおける MAE を MAE_{MEAN} と呼びます．

続いて，y-randomization を繰り返し行います．y-randomization をしたときの MAE (MAE_{yRAND}) に関して，偶然の相関の度合いが大きいほど，MAE_{yRAND} は小さくなります．偶然の相関の度合いは小さいほうが，新しいサンプルに対する誤差も小さくなるため，MAE_{yRAND} の分だけ新しいサンプルに対する誤差が小さくなると考えます．

以上をまとめると，【新しいサンプルに対する平均的な誤差】を推定する指標 chance correlation-excluded mean absolute error (MAE_{CCE})[63] は図 8.8 のようになります．MAE_{CCE} を式で表すと，以下の式になります．

図 8.8 MAE_{CCE} の概念図

$$MAE_{CCE} = MAE_{TRAIN} + MAE_{MEAN} - MAE_{yRAND} \tag{8.14}$$

y-randomization は繰り返し行われることから，MAE_{yRAND} は分布で与えられ，それにより MAE_{CCE} も分布で与えられます．新しいサンプルに対する平均的な誤差は MAE_{CCE} の分布内にあるだろう，というわけです．

こちらの論文[63]では，数値シミュレーションによるデータセットや実際のデータセットを用いて，MAE_{CCE} によりテストデータの MAE を推定できることを検証しています．線形の回帰分析手法，非線形の回帰分析手法でモデルを構築した場合だけでなく，LASSO[61] や GAPLS，GASVR[38] による変数選択をした場合にも，MAE_{CCE} が機能することを確認しています．

MAE_{CCE} は，AD を設定してサンプルごとの誤差のばらつきを推定するときのベースに使えると考えられます．

MAE_{CCE} のサンプルプログラムは DCEKit[12] における `demo_maecce_for_pl` `s.py` です．このプログラムでは回帰分析手法の一つである PLS を対象にして，MAE_{CCE} を計算します．ぜひご活用ください．

8.14 テストデータ・バリデーションデータにおけるモデルの精度が低いときのポジティブな側面

回帰分析やクラス分類をするとき，データセットをトレーニングデータとテストデータに分けます．トレーニングデータを用いて回帰モデル・クラス分類モデルを構築し，テストデータで構築されたモデルがどのくらいの予測精度をもつか検証します．

テストデータにおいて説明変数 x の値から目的変数 y の値を推定したとき，全体的にトレーニングデータにおける推定誤差と同じくらいの誤差であればよ

いのですが，いつもそうなるとは限りません．トレーニングデータの y の値は精度よく (誤差は小さく) 推定できたにもかかわらず，テストデータにおける y の値の推定誤差が大きくなってしまうことも起こります．このとき，モデルがトレーニングデータにオーバーフィットしている，テストデータのサンプルが AD[23)] の外である，テストデータに外れ値がある，といった可能性があります．

　もちろん，以上の議論は大事です．その一方で，テストデータにおける推定精度が低いときにも，ポジティブな側面があります．それは，x と y の間の新しい関係を発見できた可能性がある，ということです．トレーニングデータにおける x と y との間の関係を表現したモデルでは，テストデータにおける x と y との間の関係を表現できなかったということは，トレーニングデータにおける関係とは異なる関係がテストデータにはあると考えられます．

　回帰分析・クラス分類の目的は，今あるすべてのデータセットを用いて x と y との間のモデルを構築することで，y の値がわからないデータにおいて，x の値のみから y の値を推定することです．トレーニングデータで構築したモデルと，最終的に用いるモデルとは異なります．最終的に用いるモデルは，トレーニングデータもテストデータも含むすべてのサンプルを用いて構築されたモデルです．テストデータの x と y との間の関係を，最終的に用いるモデルに取り込めることで，より多様な x と y との間の関係をモデルで考慮できるようになります．AD も広がるでしょう．

　100 点満点の試験で 50 点を取ってしまっても，復習して次に 100 点を取れば OK，といった感じでしょうか．むしろ試験を通して成長できています．

　もちろん，トレーニングデータでは良好なモデルが構築できたと評価されていることが前提の話です．また，最終的なモデルを構築するときも，y-randomization (8.10 節参照) や AD[23)] を検討する必要はあります．ただ，テストデータの予測精度が低いときでも，ただ落ち込むだけでなく，このようなポジティブな側面もあることを考えていただければと思います．

モデルの適用範囲・ベイズ最適化

回帰モデルやクラス分類モデルを運用する際は，モデルの適用範囲 (AD)[23] を事前に設定します．AD は，モデルが本来の予測性能を発揮できる説明変数 x のデータ領域です．予測する x の値が AD 内であれば目的変数 y の予測値は信頼できますが，AD 外であれば予測値を信頼できません．AD 内の x の値に対応する y の予測値を使用することが望ましいです．しかし，分子設計・材料設計・プロセス設計において，特に y の目標値が既存のデータから離れている場合など，AD 内だけでは x の値を設計できないことがあります．この場合は AD 外を探索することになり，この際特に実験やシミュレーションといった y の値の取得，モデル構築，モデルを用いた x の設計を繰り返し行うときはベイズ最適化 (BO)[5] を行うことが効率的です．本章では AD や BO，そしてそれらを実施する際の注意点について学びます．

9.1 モデルを構築するのにサンプルはいくつ必要か

統計学，機械学習，ニューラルネットワークなどを駆使して，データを用いたモデルの開発をしていると，「サンプルはいくつあればモデルを構築できますか」とよく聞かれます．本節ではこの質問にお答えし，その過程で AD[23] についても説明します．

まず質問の答えとして，2 つ以上サンプルがあればモデルは構築できます．ただし補足があり，サンプル数やその内容によって，モデルを適用できるデータ領域が異なります．例を用いて説明します．説明変数 x が 1 変数，目的変数 y が 1 変数とします．図 9.1 のように 3 つのサンプルがあるときを考えます．図 9.1 の点線が真の x と y の関係であり，その関係に従うように今回は 3 サンプルが生成されています．この 3 サンプルを使って，x と y との関係について直線

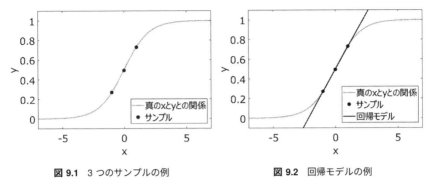

図 9.1 3 つのサンプルの例　　　**図 9.2** 回帰モデルの例

で回帰モデルを作ると，以下の式になります.

$$y = 0.23x + 0.5 \tag{9.1}$$

図 9.2 の直線が式 (9.1) のモデルです．これは最小二乗法 (OLS) で実際に計算した結果です．このように，たった 3 サンプルでもモデルは作れます．3 点とも直線付近にあるため，r^2 は大きい (精度は高い) です.

ただ，図 9.2 を見るとわかるように，x の値が大きくなったり，逆に小さくなったりすると，真の x と y との関係と回帰モデルの間のズレは大きいことがわかります．ズレが大きいということは，回帰モデルによって推定された y の値と，実際の y の値との誤差が大きい，ということです．このような x の範囲では，回帰モデルを使っても意味がありません.

先述したとおり 3 サンプルでもモデルは作れますが，そのモデルを適用できる x のデータ範囲は −1 から 1 くらいまでです．この「x のデータ領域」のことを，AD といいます.

次に 3 サンプルより多くのサンプルが得られたとします (図 9.3).

これらのサンプルを用いて非線形の回帰モデルを作ると以下の式になります.

$$y = 0.2x - 0.0007x^2 - 0.004x^3 + 0.5$$

これは図 9.4 の曲線です．このモデルも実際に OLS で計算した結果です．3 サンプルのときのモデルと比べると，x のより広い範囲で点線の真の x と y との関係と実線の回帰モデルとのズレが小さいです．サンプル数を増やすことで AD が広がりました.

ただ図 9.4 を見てもわかるように，モデルの適用できるデータ範囲は，−5 から 5 くらいまでであり，それを超えてしまうと回帰モデルによる y の推定値と

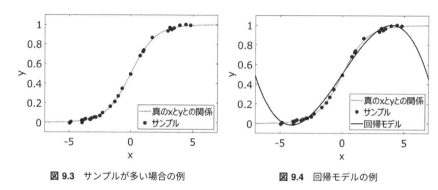

図 9.3 サンプルが多い場合の例　　**図 9.4** 回帰モデルの例

実際の y の値との誤差が大きくなってしまいます．AD は –5 から 5 までです．

　今回は –5 から 5 くらいまでのサンプルがまんべんなく存在していたため，ADを –5 から 5 くらいまでに設定できましたが，例えば，サンプルが多くてもそれらがすべて –1 から 1 くらいの間に固まってサンプルが得られたら，AD は –1 から 1 までになってしまいます．サンプルの数だけでなく，サンプルの内容も重要です．

　では，実際はどのように AD を決めるのでしょうか．上の例のように x の値の範囲で決めることもできます，ただ実際は x の数は大きいことが多いため，それらの複数の特徴量を一緒に考慮して決めたほうが効率的です．

　単純な AD の決め方の一つは，データセットの中心からの距離を使う方法です．中心，つまり平均からの距離がいくつまでが AD 内である，のように設定します．これなら，x のすべての特徴量を同時に考慮して AD を決められます．ただ，中心からの距離は，サンプルが中心から同心円状に分布しているときにしか，うまく機能しません．

　そこでデータ密度を使用します．あるサンプルが AD 内かどうかを考えるときに，そのサンプルのまわりにどれくらいトレーニングデータのサンプルがあるかを考えます．近くに多くのサンプルがあれば，データ密度は高くなり，AD 内といえます．

　データ密度の指標の一つは，最も距離の近い k 個のサンプルとの間の距離の平均です．あるサンプルについて，トレーニングデータにおけるすべてのサンプルとの間の距離を計算し，それを小さい順に k 個取り出し，その平均値を計算します．その平均値が小さいほどデータ密度は高くなります．k として 5 や10 が用いられることが多いです．なおデータ密度の指標として少し複雑なもの

に，one-class support vector machine[1] を使用したものもあります.

AD の詳細や実際のプログラムについては著者の前著[1] をご覧ください.

9.2 内挿・外挿は，モデルの適用範囲内・適用範囲外と異なる

回帰分析やクラス分類によって構築された，目的変数 y と説明変数 x との間のモデル y = f(x) について議論するとき，「モデルはデータの内挿しか予測できず外挿は予測できない」，「予測結果は内挿なのか，外挿なのか」といった話があります．一方で，モデルの適用範囲 (AD)[23] という概念もあります．AD は，トレーニングデータにおけるモデルの予測精度と同様の予測精度でモデルが予測できるデータ領域です．

本節では，内挿・外挿と AD 内・AD 外との違いについて説明します．まず，内挿について，Wikipedia[64] には次のように書かれています (2022 年 2 月 16 日時点).

内挿（ないそう，英：interpolation）や補間（ほかん）とは，ある既知の数値データ列を基にして，そのデータ列の各区間の範囲内を埋める数値を求めること，またはそのような関数を与えること．またその手法を内挿法（英：interpolation method）や補間法という．対義語は外挿や補外.

つまり，各 x の最小値から最大値までが内挿となります．図 9.5 の四角形の中が内挿です．図 9.5 では x が x_1，x_2 の 2 つの場合に，x_1，x_2 ともに最小値と最大値の中に入る範囲を示しています．x_1 と x_2 とで独立して範囲が決められています．x が一つでも，最小値を下回ったり，最大値を上回ったりすると外挿になります．そのため，「モデルは外挿を予測できない」ということは，一つの x でも，その最小値を下回ったり，最大値を上回ったりすると，そのサンプルは予測できない，と同じ意味になります．

一方で，図 9.5 ではデータの分布が 3 つに分かれている，すなわちサンプルが 3 つの集団に分かれているように見えます．それらの集団の間にある，サンプルのない空白地帯は内挿になっています．「モデルは内挿しか予測できない」ということは，すべての x で最小値を下回ったり，最大値を上回ったりすることがなければ，仮にトレーニングデータのない空白地帯にあるサンプルでも，そのサンプルは予測できる，と同じ意味になります．しかし，このような空白

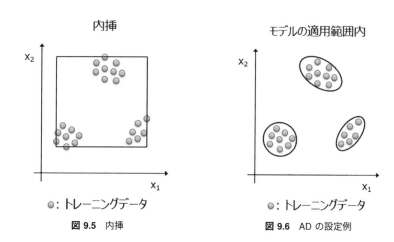

図 9.5 内挿　　　　　　　　　図 9.6 AD の設定例

地帯のサンプルを本当に予測できるか，検討の余地があります．

　次に AD です．もちろん図 9.5 の内挿のように AD を設定することもできますが，一般的には図 9.6 のようにデータ密度によって AD を設定します．図 9.6 の各円の中の領域が，AD 内となります．内挿の図 (図 9.5) と AD の図 (図 9.6) を比較すると，AD では空白地帯が少ないことがわかります．トレーニングデータに近い領域のみが，AD 内となっています．内挿における空白地帯は，AD 外であり，トレーニングデータと同じ精度では予測できない可能性がある，と判断されます．

　一方で，外挿でも AD 内となる領域はあります．図 9.6 において，x_1 や x_2 の最小値を下回ったり，最大値を上回ったりしていても，円の中の領域があることを確認できます．朗報として，あるサンプルが外挿でも，AD 内であればトレーニングデータと同様の予測精度でそのサンプルを予測できます．

　構築したモデルを運用するときは，必ず AD を設定し，内挿・外挿ではなく，AD 内・AD 外で議論するのがよいでしょう．

 守りの AD，攻めの BO

　分子設計・材料設計・プロセス設計において，説明変数 x と目的変数 y のあるデータセットを準備して，x と y の間でモデル y = f(x) を構築します．構築したモデルを用いて，y が目標の値となるような x の候補を設計します．多くの

場合，x のサンプル候補を多数生成して，それらをモデルに入力して y の値を予測します．ベイズ最適化 (BO)[5] では，多数の候補に対して獲得関数の値を計算します．予測値や獲得関数の値が望ましい値となるような，x の候補を選択し，その条件で実験したり，製造したり，シミュレーションしたりします．

モデルを利用するときには，モデルの適用範囲 (AD)[23] が重要です．モデルには本来の予測性能を発揮できるデータ領域があり，それを AD としてあらかじめ設定しておきます．x のサンプルが AD 内であれば，その y の予測値は信頼できますが，AD 外であれば予測値は信頼できません．AD の設定方法については著者の前著[1] をご覧ください．

AD を設定することは，モデルの守備範囲を決めることといえます．守りを固めることで，AD 内であればモデルが機能することがわかるため，その範囲内で分子設計・材料設計・プロセス設計をしたり，ソフトセンサーであれば予測値を信頼したりします．

一方で，守っているだけでは，らちが明かない場合もあります．例えば材料の目標値がとても高いところにあり，AD 内では期待したような設計ができないこともあるでしょう．

そこで攻めに転じます．ここで活用できるのが BO[5] です．BO では，特に y の目標値が既存のデータセットにおける y の値から遠いときに，積極的に AD の外側を探索する傾向があります．AD 外であるため予測値は信頼できませんが，繰り返し実験やシミュレーションを行う適応的実験計画法においては，実験やシミュレーションごとに AD を拡大する効果があります．さらに AD 外の中でも適切な領域を探索することで，繰り返しの実験回数やシミュレーション回数を低減できます．

BO ではガウス過程回帰 (GPR) が利用されます．GPR の特徴の一つは，予測値だけでなく予測値の分散を計算できることです．GPR を用いたときの予測値の分散は，AD としても利用できます．そこで GPR における予測値の分散に基づいて，AD の考え方と BO を比較します．AD では予測値の分散を，その範囲内で実測値が得られる可能性が高いといったように，分散が小さいほうがよいという使われ方をします．BO では逆に，分散が大きい x のサンプルが選ばれる傾向が強いです．AD 外を選択するわけですが，AD 外と一言でいってもその領域は非常に大きいため，その中でもどの x の値が y の目標を達成できる確率が高そうか，BO では計算しています．

BO では攻めの分子設計・材料設計・プロセス設計を行える一方で，予測値が
実測値から外れる可能性も高いです．そのため，BO では適応的実験計画法で
用いること，すなわちモデル構築，モデルに基づく次の実験の提案，そして実
験を繰り返すことが前提になります．守りの AD と攻めの BO をうまく使い分
けるとよいでしょう．

 ## 9.4 モデルがどれくらい外挿できるかの検証方法

　回帰モデルでもクラス分類モデルでも，モデルを構築したら，そのモデルで
どれくらいの外挿ができるか，モデルの適用範囲 (AD)[23] の外をどのくらい予測
できるのか，はとても大事です．モデルは，トレーニングデータに近いサンプ
ルしか本来の性能で予測することはできませんが，実際にモデルを用いてやり
たいことは外挿や AD 外を予測することです．トレーニングデータにおける y
の最大値を上回るサンプル，もしくは最小値を下回るサンプルを予測すること
が望まれています．

　推定するサンプルがトレーニングデータから離れるほど，モデルの予測性能
は下がる一方で，y の予測値が望ましい値をもつサンプルは，トレーニングデー
タから離れたところにある，といった難しさがあります．データに基づくモデ
ルである以上，それが難しいのは仕方がありませんが，それでも，モデルで外
挿や AD 外を予測したときに，すなわち予測するサンプルがトレーニングデー
タから離れたときに，モデルがどれくらいの予測性能になるのかは，確認した
いと思います．モデルの予測性能によって，どれくらい外挿できるかを検討で
きるためです．

　では，外挿や AD の外におけるモデルの予測性能をどのように検証すればよ
いでしょうか．方針は，テストデータがトレーニングデータの外挿や AD 外に
なるように，トレーニングデータとテストデータを意図的に作成することです．
例えば，回帰分析のときに y の値が一部の範囲にあるサンプルのみをトレーニ
ングデータにします．

　すべてのサンプルにおいて y の範囲が 1 から 10 であり，y の値が 10 より大
きくなるサンプルを設計したいとします．このとき，y の値が 1 から 9 までの
サンプルのみをトレーニングデータに，それ以外のサンプル，すなわち y の値

が9以上のサンプルをテストデータとします.テストデータをこのように設定することで,yの値がトレーニングデータ以上になるようなサンプルを,どの程度の精度で予測できるか検証できます.さらには,サンプルがトレーニングデータから離れるほど,そしてyの値が9より大きくなるほど,どのような傾向で予測誤差が大きくなるか,についても検証できます.

ただし,上の方法は回帰分析のみ有効であり,クラス分類ではできません.クラス分類でもできる検証方法として,ADの指標の値が,よりAD内を示すサンプルのみをトレーニングデータにすることがあります.例えば,データ密度が高い領域にある (k-NN の距離が小さい) サンプルのみをトレーニングデータにして,それ以外のサンプル (データ密度が低い領域にあるサンプル) をテストデータにします.こうすることで,外挿もしくは AD 外のサンプル,例えばデータ密度が低い領域にあるサンプルをどのくらいの性能で予測できるか検証できます.

ほかに,データの種類に依存する検証方法もあります.化学構造のデータの場合には,構成する原子の種類でトレーニングデータを制限する方法があります.例えば,C, H, O のみで構成される化学構造のサンプルをトレーニングデータとして,それ以外の化学構造 (C, H, O 以外も含みうる化学構造) のサンプルをテストデータとします.こうすることで,新たな種類の原子を含む化学構造に対する予測性能を検証できます.

時系列データの場合には,ある時刻を基準にして,それより過去のサンプルをトレーニングデータ,未来のサンプルをテストデータとする方法があります.これにより,モデル構築時のサンプルより未来のサンプルを,どれくらいの精度で予測できるかを検証できます.

もちろん,AD 外をどれくらいの性能で予測できるか検証した後は,すべてのサンプルを用いて再度モデルを構築します.ご注意ください.

9.5 ガウシアンカーネルを用いたサポートベクター回帰ではモデルの適応範囲を考慮しなくてよいのか

目的変数 y と説明変数 x との間で回帰モデル y = f(x) を構築するとき,基本的にモデルの適用範囲 (AD)[23] を設定する必要があります.サポートベクター回帰 (SVR)[19] を用いるとき,x と y の間の非線形性を考慮するため,カーネル関数を

用いることが多いです．カーネル関数の中で，特によく用いられるのはガウシアンカーネルです．

あるサンプル $\mathbf{x}^{(i)}$ と別のサンプル $\mathbf{x}^{(j)}$ の間では，ガウシアンカーネルは以下のように計算されます．

$$K\left(\mathbf{x}^{(i)}, \mathbf{x}^{(j)}\right) = \exp\left(-\gamma \left\|\mathbf{x}^{(i)} - \mathbf{x}^{(j)}\right\|^2\right) \tag{9.2}$$

γ はハイパーパラメータです．最適化する方法についてはこちら[65] をご覧ください．

ガウシアンカーネルを用いたとき，SVR モデルは以下のようになります[19]．

$$f\left(\mathbf{x}^{(i)}\right) = \sum_{j=1}^{m} \left(\alpha_U^{(j)} - \alpha_L^{(j)}\right) \exp\left(-\gamma \left\|\mathbf{x}^{(i)} - \mathbf{x}\right\|^2\right) + u \tag{9.3}$$

m はサンプル数であり，$m = 3$ のとき以下のような式で表されます (m が非常に小さいですが，説明のしやすさのため 3 としています)．

$$\begin{aligned}
f\left(\mathbf{x}^{(i)}\right) = &\left(\alpha_U^{(1)} - \alpha_L^{(1)}\right) \exp\left(-\gamma \left\|\mathbf{x}^{(1)} - \mathbf{x}\right\|^2\right) + \\
&\left(\alpha_U^{(2)} - \alpha_L^{(2)}\right) \exp\left(-\gamma \left\|\mathbf{x}^{(2)} - \mathbf{x}\right\|^2\right) + \\
&\left(\alpha_U^{(3)} - \alpha_L^{(3)}\right) \exp\left(-\gamma \left\|\mathbf{x}^{(3)} - \mathbf{x}\right\|^2\right) + u
\end{aligned} \tag{9.4}$$

新しいサンプル $\mathbf{x}$ における y の予測値は，$\mathbf{x}$ とトレーニングデータの各サンプルとの間のユークリッド距離に基づく類似度 (ガウシアンカーネルの値) と，$(\alpha_U^{(i)} - \alpha_L^{(i)})$ との積を足し合わせ，最後に定数項 u を足したもので与えられることがわかります．さらにいえば，ε チューブ内のサンプルは，$\alpha_U^{(i)} = 0$ かつ $\alpha_L^{(i)} = 0$ となり y の予測値には寄与しません．

今，y の値を予測したいサンプル $\mathbf{x}$ が，トレーニングデータの各サンプルから非常に遠いときを考えます．$\mathbf{x}$ とトレーニングデータの各サンプル間のユークリッド距離が非常に大きいため，式 (9.2) よりガウシアンカーネルの値はほぼ 0 になります．式 (9.4) の $(\alpha_U^{(i)} - \alpha_L^{(i)}) \times$ (ガウシアンカーネルの値) も 0 になるため，y の予測値は定数項 u になります．このように，SVR モデルでは y の値を予測したいサンプルがトレーニングデータのどのサンプルからも遠いとき，予測値が一定値になります．皆さんの中にも，SVR モデルの y の予測値が一定になる経験をされたことがあるかもしれません．予測値が一定の値になったとき，その値は u と考えられます．

式 (9.3) より，SVR モデルではトレーニングデータにおける代表サンプル (ε

チューブ上および ε チューブ外のサンプル) との間のユークリッド距離に基づくため，サンプル間の距離で AD を決めることと同じ，といえるかもしれません．サンプル x とトレーニングデータの各サンプル間の距離が非常に大きい，すなわち AD 外のとき，y の予測値は u 付近になります．しかし，予測値が u 付近にならなかったからといって AD 内といえるわけではありませんので，注意してください．AD 内を判定するときは，別途 AD を設定したほうがよいといえます．

線形の回帰モデルでは，y の値を予測したいサンプルがトレーニングデータのサンプルから遠いほど，予測値が大きくなったり，逆に小さくなったりする可能性がありますが，ガウシアンカーネルを用いた SVR では，そのようなことはなく，トレーニングデータのサンプルから遠いときは予測値が u になり，AD 外，すなわち予測は難しいということがわかります．しかし，サンプルがどれくらい離れているとき，どの程度の精度で予測できるかまではわかりません．それを検討するためには，適切に AD を設定する必要があります．

9.6 特徴量を適切に非線形変換することでモデルの適用範囲を拡大する

説明変数 x と目的変数 y との間で回帰モデルを作るとき，x と y との間に非線形の関係 ($y = 5x_1^2 + 7\log(x_2)$ など) があるとき，一つのアプローチは非線形の回帰分析手法を用いることです．そのような手法として，SVR[19]，ランダムフォレスト (RF)[22]，ディープニューラルネットワーク (DNN)[60] などがあります．非線形手法で x と y との間の非線形関係をモデル化します．

x と y の間の非線形関係に対応するためのもう一つのアプローチとして，x を非線形関数で変換して，それを新たな x として用いる方法があります．例えば，$y = 5x_1^2 + 7\log(x_2)$ のとき，x_1 を x_1^2 に，x_2 を $\log(x_2)$ に変換します．そうすれば，y と $x_1^2, \log(x_2)$ との間で回帰モデルを構築するとき，線形の手法で OK です．もちろん，事前に x と y の間の正確な非線形関係を知ることは難しいため，x を正しく非線形変換することは困難です．

本節では，x と y との間の非線形性に対応する以下の 2 つの方法について考えます．

① 非線形の回帰分析手法を用いる

② x を非線形関数で変換する

①でも②でも，与えられたデータにおける x と y の間の非線形性には対応できそうです．①について，SVR，RF，DNN のような自由度の高い手法により，x と y の間の様々な非線形関係に対応できます．ただ，各手法によってモデル化された x と y との間の非線形性と，実際の非線形性とが一致するとは限りません．データに基づいて計算された非線形性であるため，それが一般的に正しいかどうかは不明です．あくまで，与えられたトレーニングデータ内では正しい，というだけです．

実際の非線形性と回帰モデルの非線形性が異なるとき，どんな問題が生じるでしょうか．それは，モデルが外挿することが難しくなる，という問題です．トレーニングデータ内では正しい非線形性であるため，そのサンプル付近では適切に推定できるといえます．しかし，トレーニングデータの領域を外れると，領域外での本来の x と y 間の非線形性と，回帰モデルの非線形性とが異なるため，推定誤差が大きくなってしまいます．言い換えると，モデルの適用範囲 (AD)[23] が狭くなる，ということです．AD については，著者の前著[1] をご覧ください．

②の方法ではどうでしょうか．x を適切に非線形変換できていれば，変換後の x と y の間は線形で表現できます．非線形関係をモデル化するよりは，線形関係をモデル化するほうが，シンプルなモデルを構築できます．非線形変換が適切であれば，モデルが外挿しやすい，すなわち AD は広いといえます．

では，x を非線形関数で適切に変換して線形の手法で回帰モデルを構築したとき，非線形の回帰分析手法で回帰モデルを作ったときと比べて AD が広くなる，という仮説を，数値シミュレーションデータで検証します．以下の解析結果が得られる Python のサンプルプログラムはこちら[66] にあります．

今回は x を 2 変数，y を 1 変数として，次の関係が成り立つとします．

$$y = 3\exp(x_1) + 2x_2^3 \tag{9.5}$$

そして x_1, x_2 について，それぞれトレーニングデータと 2 種類のテストデータを，以下のように生成します．

- トレーニングデータ：–5 から 5 までの一様乱数
- テストデータ 1 (AD 内のみ)：–5 から 5 までの一様乱数
- テストデータ 2 (AD 外含む)：–7 から 7 までの一様乱数

テストデータ 1 では x_1, x_2 の範囲をトレーニングデータと同じにして (AD 内

のみ)，テストデータ 2 では，x_1，x_2 の範囲をトレーニングデータの外側を含む
ようにしています (AD 外含む)．トレーニングデータ，テストデータ 1，テスト
データ 2 はそれぞれ 500 サンプルです．

　以下の 4 つの手法で比較を行いました．

　1) x と y との間で PLS (PLS)

　2) $x_1 \rightarrow \exp(x_1)$，$x_2 \rightarrow x_2^3$ と，正しく変換した後に PLS (PLS + 変換)

　3) x と y との間で SVR (SVR)

　4) $x_1 \rightarrow \exp(x_1)$，$x_2 \rightarrow x_2^3$ と変換した後に SVR (SVR + 変換)

　PLS は部分的最小二乗法 (partial least squares)[16] であり線形の回帰分析手法，
SVR はガウシアンカーネルを用いた非線形の回帰分析手法です．

　トレーニングデータを用いて，4 つの手法それぞれで回帰モデルを構築し，テ
ストデータ 1 (AD 内のみ) を推定した結果は表 9.1，図 9.7 のとおりです．x と y
の間で直接 PLS を行ったときの推定結果は，他の結果と比較して r^2 は小さく，
root mean squared error (RMSE)，mean absolute error (MAE) は大きくなり，推定精
度が低いことがわかります．y の実測値 vs. 推定値プロットを見ても，PLS 以外
の 3 つの推定結果では，対角線付近にサンプルが固まっていて良好に y を推定
できています．しかし，PLS では対角線から離れたサンプルが多く，x と y と
の間の非線形性に対応できていません．本来の x と y との関係は非線形にもか
かわらず，線形の PLS を用いているため，当然の結果といえます．

　ただ，他の 3 つの手法については，結果に大差はありませんでした．x と y と
の関係が非線形のとき，非線形手法で回帰モデルを構築しても，x を適切に非
線形変換した後に回帰モデルを構築しても，AD 内の推定結果はほとんど同じ
でした．

　次に，テストデータ 2 (AD 外含む) を推定した結果を表 9.2 と図 9.8 に示します．
PLS の推定結果が，他の手法の推定結果と比較して，r^2 は小さく誤差 (RMSE，
MAE) は大きくなったのは，テストデータ 1 (AD 内のみ) の推定結果と同じで
す．ただ今回は，SVR や SVR + 変換 の推定結果が，PLS + 変換 と比較して，r^2
は小さく RMSE，MAE は大きくなりました．SVR や SVR + 変換 では PLS + 変
換と比較して予測精度が低くなっています．

　図 9.8 の y の実測値 vs. 推定値プロットを確認します．PLS では x と y との
間の非線形性に対応できていません．非線形の回帰分析手法である SVR を用い
た場合でも，特に y が大きいときに，推定誤差が大きい結果でした．AD 外の

表 9.1 テストデータ 1 (AD 内のみ) における r^2，RMSE，MAE

	PLS	PLS+変換	SVR	SVR+変換
r^2	0.651	0.997	0.996	0.997
RMSE	74	6.98	7.76	7.18
MAE	58	5.56	6.05	5.69

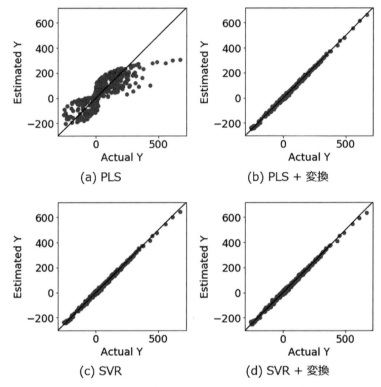

(a) PLS

(b) PLS + 変換

(c) SVR

(d) SVR + 変換

図 9.7 テストデータ 1 (AD 内のみ) における y の実測値 vs. 推定値プロット

サンプルを推定できていないことがわかります．一方，PLS + 変換 を用いた場合，すべてのサンプルが対角線付近に固まっており，y 全体で良好な予測結果でした．x を適切に非線形変換した後に線形の回帰分析手法でモデル構築することで，非線形の回帰分析手法でモデル構築する場合と比較して，AD が広がることを確認しました．

図 9.8 より，SVR + 変換 を用いた場合，y が大きいサンプルを正しく推定できませんでした．推定誤差は SVR よりも大きい結果です．x を正しく非線形変換したとしても，その後に非線形回帰分析手法を用いてしまうと，推定結果が

表 9.2　テストデータ 2 (AD 外含む) における r^2，RMSE，MAE

	PLS	PLS+変換	SVR	SVR+変換
r^2	0.163	0.999	0.810	0.662
RMSE	560	6.94	267	356
MAE	266	5.50	84.8	89.9

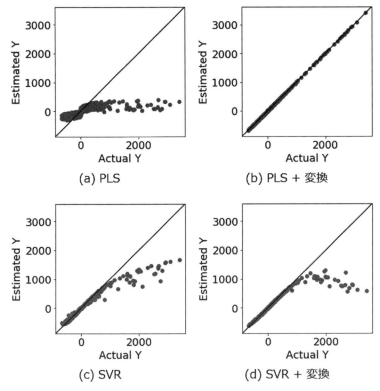

(a) PLS　　　　　　(b) PLS + 変換

(c) SVR　　　　　　(d) SVR + 変換

図 9.8　テストデータ 2 (AD 外含む) における y の実測値 vs. 推定値プロット

悪くなることが示唆されました.

　データ解析により，少なくとも上の数値シミュレーションデータにおいては，x を非線形関数で適切に変換して線形の手法で回帰モデルを構築したとき，非線形の回帰分析手法で回帰モデルを作ったときと比較して AD が広くなる，という仮説を検証できました. ただし以下の課題は残ります.

　① AD が広くなるためには，(非線形変換後の) x と y の間の本来の線形関係をモデルで表現しなければならないが，特に x の特徴量が多いときや x間の相関が高いときなど，正しく線形モデルを構築できるのか

② そもそも，x をどのような非線形関数で変換するのか

ちなみに，①の課題についてはダブルクロスバリデーション (DCV，8.9 節参照) による特徴量選択およびモデル選択，②の課題についてはいわゆる理論モデル・物理モデル・第一原理モデル，といった解決の方向性があると考えています．理論と統計の融合により AD を広げることの貢献ができる可能性があることが示唆されたといえます．

　回帰モデルやクラス分類モデルを構築し，モデルの適用範囲 (AD) を設定することで，説明変数 x の値から目的変数 y の値を的確に予測できるようになります．一方で，分子設計・材料設計・プロセス設計に必要なことは，活性・物性・特性 y の目標値からそれを実現するための特徴量 (合成条件・製造条件・プロセス条件など) x を導くことです．x から y を予測するモデルの順解析とは逆に，y から x を予測することをモデルの逆解析と呼びます．ただ一般的な逆解析で行われていることは，x の仮想サンプルを大量に生成し，それらをモデルに入力して y の値を予測し，予測値が良好な仮想サンプルを選択することです．順解析を網羅的に繰り返す擬似的な逆解析といえます．ベイズ最適化 (BO) により，y の予測値ではなく獲得関数の値を用いることで，データの外挿領域を探索できますが，逆解析の方法としては BO も擬似的な逆解析です．本章ではモデルの逆解析における注意点について述べます．さらに，y の値から x の値を直接的に予測する，すなわちモデルを直接的に逆解析する手法「直接的逆解析法」についても説明します．

 10.1 モデルの逆解析をするときのチェックリスト

　回帰モデルやクラス分類モデルを構築したら，モデルの逆解析を行うことで，目的変数 y の目標を達成すると考えられる説明変数 x の値を推定できます．ただ，モデルの逆解析をするときは，いくつか注意点があるため，本節ではチェックリストとしてまとめました．モデルの逆解析をするときはぜひご活用ください．

　　▢ 一般的な逆解析のチェックリスト

- y の目標値もしくは目標範囲がある
- 逆解析するモデルを構築するための回帰分析手法もしくはクラス分類手法

を選択した明確な理由がある

- 用いるモデルは，(トレーニングデータとテストデータを合わせた) すべてのサンプルを用いて構築された

- AD[23] を設定した

▫ x の値をモデルに入力して y の値を推定し，推定値が y の目標値に近いもしくは y の目標範囲内のサンプルを選択するタイプの逆解析のときのチェックリスト

- 入力する x を，モデルを構築したデータセットの x でオートスケーリング (標準化) した

- 推定された y の値のスケールを，(モデルを構築したデータセットの y の標準偏差をかけて，平均値を足すことで) オートスケーリング前に戻した

- アンサンブル学習で AD を設定したり，BO をしたりするとき，y の標準偏差のスケールを，(モデルを構築したデータセットの y の標準偏差をかけることで) オートスケーリング前に戻した

▫ y の目標値をモデルに入力して x の値を推定するタイプの逆解析のときのチェックリスト

- 入力する y の目標値を，モデルを構築したデータセットの y でオートスケーリング (標準化) した

- 推定された x の値のスケールを，(モデルを構築したデータセットの x の標準偏差をかけて，平均値を足すことで) オートスケーリング前に戻した

▫ 決定木 (DT) やランダムフォレスト (RF) で構築された回帰モデルを用いるときのチェックリスト

- モデルの逆解析では，モデル構築に用いたデータセットの y の最大値を超えず，y の最小値を下回らない (10.4 節参照) ことを認識している

▫ クラス分類モデルの適用範囲をアンサンブル学習で設定するときのチェックリスト

- AD が広くなってしまう問題を認識しており，データ密度などの別の方法も用いて AD を設定している

▫ 化学構造を用いたモデルの逆解析をするときのチェックリスト

- (標準偏差が 0 の記述子などの) 記述子を削除する前に設定した AD (Universal AD) を用いている

　新たな分子を設計したり，新たな材料を合成するための実験条件やプロセスを設計したり，装置を設計したりするとき，モデルの逆解析をするためには，もちろんモデルが必要です．データベースを用いて，説明変数 x と目的変数 y の間で，例えば回帰モデルを構築します．構築されたモデルに基づいて，新たな分子や，新たな材料を合成するための実験条件・合成条件・プロセス条件や，シミュレーション条件などを提案します．

　モデルを構築するとき，もちろんモデルの予測性能は高いほうがよいです．また適応的実験計画法においては，基本的に BO をします．新たな候補を提案するときに，例えば y の目標を達成する確率は高いほうがよいです．

　ただ，モデルの予測性能が思うように上がらなかったり，新たに提案された候補における y の目標を達成する確率が小さかったりすることもあります．このときに，モデル構築やモデルの逆解析を行った結果が，何の役にも立たないかというと，そうではありません．

　モデルの逆解析するとき，基本的には乱数に基づいて新しい化学構造や合成条件・製造条件・プロセス条件・シミュレーション条件などの候補を発生させます．これが役に立ちます．

　一つは過去の実験やシミュレーションを総括するのに役立つケースがあります．例えば，乱数に基づいて生成した候補について y の値を推定し，その推定値がよい候補や悪い候補を実際に見て確認します．そうすると，よいときはこんな実験条件で，悪いときはこんな実験条件だった，といったように整理できます．

　もう一つは，新たな発想が出たり，インスピレーションが湧き上がったりするのに役立つケースがあります．これまで似たような実験条件で実験していたり，同じようなパターンで実験していたり，ある範囲内でのみ実験することが多かったりすると，それを逸脱できない状況があります．モデルの逆解析では，新たな候補は基本的に乱数に基づいて発生されるため，これまで考えていなかった実験条件も出てきます．このような候補を実際に確認することで，こんな実験条件もありだね，とか，こんな実験条件で実験してもよさそうだね，といった新たな発想につながります．

以上のように，モデルの逆解析そのものにメリットがあります．モデルの予測性能がよくなかったから止めてしまったりとか，BO における y の目標を達成する確率が低かったから提案するのを止めてしまったりとかはもったいないかと思います．実際に，当事者や現場の方に確認していただくとよいでしょう．

10.3 目的変数の予測値だけでなく，説明変数の感度も設計のときに考慮する

材料設計やプロセス設計をするとき，説明変数 x と目的変数 y の間でモデル y = f(x) を構築した後，y の目標値を達成できるような x の候補を探索するため，x の仮想的なサンプル候補を大量に生成して，それらをモデルに入力して，y の予測値を計算したり，BO であれば獲得関数の値を求めたりします．そして，それらの値が良好な x のサンプルを選びます．

もちろん y の値が望ましい値になることが目的の一つですが，例えば x の値を一つに決めても，実際に材料を作るとき，その値のとおりに制御することが難しいことや，製造する際に多少 x の値が変化しても y の値が変わりにくいところを設計したいといったことはあります．そのとき，設計した x の値で y の値が目標を達成したとしても，x の値が少しズレるだけで y の値が変わってしまうと困ります．ここでは y の値だけでなく x の感度も考慮したモデルの逆解析について説明します．

仮想的に大量に生成した x のサンプルをモデルに入力して y の予測値や獲得関数の値を計算しますが，そのとき各サンプルにおいて，その x の値からばらつきうる範囲で意図的に値を振ります．例えば，サンプルごとに 100 の候補を生成します．その 100 の候補をモデルに入力して，予測値や獲得関数の値を計算して，その標準偏差の値を計算します．生成した仮想的なサンプルそれぞれに対して，y の予測値もしくは獲得関数の値はもちろんのこと，その周辺の 100 候補における予測値もしくは獲得関数の標準偏差を計算することになります．ここで計算される標準偏差は，アンサンブル学習法での標準偏差やガウス過程回帰 (GPR) での標準偏差とは異なるため注意しましょう．あくまで，ある x のサンプルのまわりで多数生成した x のサンプルで計算された予測値もしくは獲得関数の値の標準偏差です．

この標準偏差の値が小さいということは，その x の値周辺で多少値が変化し

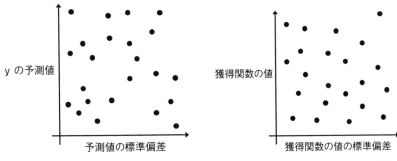

図 10.1 yの予測値と予測値の標準偏差　　**図 10.2** 獲得関数の値とその標準偏差

ても，yの予測値もしくは獲得関数の値は変わりにくいことを意味します．逆に標準偏差が大きいということは，そのxの値から少しでも値が変わってしまうとyの予測値や獲得関数の値も大きく変化してしまう可能性があるということです．

　例えば仮想的に生成されたxのサンプルについて，yの予測値とその標準偏差の値の関係を，図10.1のようにプロットして確認します．例えばyの予測値が大きく，かつxの値の周辺におけるyの予測値のばらつきが小さいような候補が欲しい場合は，プロットの左上にあるサンプルを選択すればよいと思います．

　獲得関数の値が大きく，かつxの値の周辺における獲得関数のばらつきが小さいような候補が欲しい場合は，図10.2の左上にあるサンプルがよいと思われます．

　以上のようにxの値を設計することで，yの予測値や獲得関数の値が同じような値になったサンプルの中で差別化できるともいえます．また，yの予測値や獲得関数の値が大きく，かつその標準偏差が大きいサンプルは，xの少しの違いによって物性や活性が大きく変化するということであるため，興味深いサンプルと考えられるかもしれません．

10.4 ランダムフォレストや決定木で構築したモデルの逆解析

　回帰モデルやクラス分類モデルを構築したら，モデルの逆解析をすることがあります．逆解析では，説明変数xの値から目的変数yの値を推定するのではなく，逆に，yの値からxの値を推定します．化学構造設計・分子設計・材料設

計・プロセス設計などに応用されます．分子設計においては Inverse QSPR (quantitative structure property relationship) や Inverse QSAR (quantitative structure activity relationship) と呼ばれたりもします．

モデルの逆解析をしたい状況はたくさんあります．それらを大きく分けると，以下の 3 つになります．

① y の値をなるべく大きく (または小さく) する，もしくは y を既存の値より大きく (または小さく) することである範囲内に入るような，x の値を得たい

② y が既存のクラスもしくは既存の値と同じ値くらいに，いろいろな x の値を発生させたい

③ y の種類が複数あり，それぞれの y の値は既存の値くらいであるが，それらの組み合わせ的に新規な結果になる x の値を獲得したい

①はわかりやすいと思います．材料の物性や活性などを向上させたいケースです．②は，例えば特許などによって，ある化学構造は押さえられているため，y の値は同じくらいで OK ですが，その化学構造とは似ていない新規構造が欲しい，といった場合です．③は複数の y がトレードオフの関係にあり，パレート最適解を更新したい，といった状況です．

ここで注意する必要があるのは，①のケースで，回帰分析手法として決定木 (DT)[21] やランダムフォレスト (RF)[22] を使うときです．DT や RF は①のケースにおいて，y の値を既存の値より大きくしたり小さくしたりするのが原理的に不可能です．

DT を回帰分析に用いるとき，新しいサンプルの y の値の推定値は，(いくつかの) トレーニングサンプルの y の値の平均値で与えられます．つまり，y の予測値が，トレーニングデータの y の最大値を上回ったり，y の最小値を下回ったりすることはありえません．RF では，DT を大量に構築します．y の予測値は決定木の予測値を平均したものであるため，y の予測値の上限下限について，DT と同じことがいえます．

このように，DT や RF は逆解析において，トレーニングデータの y の最大値や最小値を更新するような，x の値を得ることはできません．DT や RF で構築されたモデルを逆解析に用いるときは注意しましょう．

部分的最小二乗法でモデルの逆解析をするときのメリット

回帰モデルを構築するとき，部分的最小二乗法 (PLS) を選択して回帰分析することがあります．PLS モデルのメリットの一つとして，モデルの逆解析をするときに AD[23] を考慮しやすいことが挙げられます．

AD は，モデルが本来の推定性能を発揮できる説明変数 x のデータ領域のことであり，AD 内のサンプルであれば，その目的変数 y の推定値を信頼できます．モデルの逆解析においても AD は重要です．目標の y の値を実現する x の値を，モデルの逆解析により計算できたとしても，その x の値で本当に目標の y の値を実現できるか，誰もわかりません．逆解析の結果をどの程度信頼してよいのか確認する必要があり，AD を設定します．また，一般的に y の特徴量の数は x の特徴量の数より少なく，ある y の値となる x の値の組み合わせは複数個得られます．その中で，どの x の値であれば信頼できるのか検討する必要もあります．

もちろん，何らかの回帰分析手法で回帰モデルを構築し，それとはまた別に AD を設定することで，何も問題ありません．ただ，PLS で回帰モデルを構築すると，AD を設定しやすく，また PLS モデルにとってより適切な AD を設定できるようになります．

PLS では，最終的には最小二乗法 (OLS) により回帰モデルを構築することになりますが，直接 x と y の間で OLS を行うのではなく，x を主成分 t に変換してから，t と y との間で OLS によりモデルを構築します．x を低次元化してから回帰モデルを構築します．

t の数は x の数より基本的に小さく，さらに t の間は無相関 (相関係数が 0) です．これらの特徴によって，より適切な AD を設定できるようになります．PLS モデルの AD は，x ではなく t で設定するのがよいでしょう．特徴量が多くなればなるほど，次元の呪いによってサンプル間の距離を比較できなくなってしまいます．x より t のほうが次元の呪いの影響を受けにくいです．また，t の間は無相関のため，ユークリッド距離を用いたとしても，マハラノビス距離のように特徴量間の相関関係を考慮した距離になります．

新しいサンプルにおける AD の指標を計算するときには，PLS モデルのローディングを用いることで，x から t に変換できるため，その値を用いて AD の指

標を計算します. PLS モデルの逆解析を行うときには, ぜひ t で AD を設定しましょう.

以上のような, 低次元化してから AD を設定する方法は, データの前処理として主成分分析 (PCA)[14] や generative topographic mapping (GTM) (5.4 節参照) などの低次元化手法を組み合わせた回帰分析を行うときも有効です. ぜひ活用しましょう.

10.6 材料設計の限界 (モデルの逆解析の限界) はわかるのか

材料設計において, 材料の物性 y と実験条件 x との間で数理モデル y = f(x) を構築し, そのモデルに基づいて y が望ましい値であったり, 目標の値であったり, 目標の範囲に入ったり, 目標を満たす確率が高かったりするような x の値の提案を行います. いわゆるモデルの逆解析です. そして逆解析で得られた x の値で次の実験を行います. この実験でよい結果が得られ, 例えば y の値が目標を満たしている場合にはゴールになりますが, そうでない場合には, その実験条件と実験結果のセットをサンプルとしてデータセットに追加して, 新たにモデル y = f(x) を構築し, 次の x の値を提案します. これらのモデル構築, 逆解析, 実験を繰り返すことで, y の目標値となるような材料を探索します.

モデル構築, 逆解析, 実験を何回も繰り返して, それでも y の目標値に達成しないと, そもそも原理的に目標を達成できない材料なのではないか, と考えるかもしれません. これ以上やっても y の値を向上できませんよ, といったことがデータ解析・機械学習によってわかれば嬉しいです. 材料開発をストップし, 次の材料の開発をはじめることができます.

しかし残念なことに, 基本的にデータ解析や機械学習だけでは逆解析の限界はわかりません. 例えば実験条件が 10 あり, それぞれの実験条件において 10 通りの設定値を振りたい場合には, すべての組み合わせは 10^{10} 通りもの非常に大きな数になります. これらすべてを実験することはできませんし, BO[5] では, 次の実験条件が外挿領域で探索される傾向がありますが, それでも広大な解空間をすべて探索することは不可能です. 次の実験条件の値が, これまでの値を超えない保証はどこにもありません (値を超える確率はゼロではありません).

次の実験を行うかどうか, 最終的に判断するのは, 人です.

では，その判断材料として，どのような情報をデータ解析・機械学習により示せるでしょうか．一つは AD[23] 付きの y の予測値です．AD 内であれば，トレーニングデータにおける予測誤差と同様の誤差であると考えられるため，それを基準にして，実験後の y の値を考え，目標を達成するかどうか，実験するかどうかを人が判断します．

さらに，AD の情報としてアンサンブル学習における y の予測値の分散を用いれば，例えば予測値が正規分布に従うと仮定したとき，正規分布の平均値として予測値を，正規分布の分散として予測値の分散を用いることで，予測結果を正規分布として表現できます．これにより，例えば予測値の ±2× 標準偏差以内に実測値が入る確率はおよそ 95% といったような確率で予測結果を表せます．この確率と実験にかかるコストを考え，次の実験をするかどうかを判断します．

BO でも予測結果を確率で表現できます．y がある目標範囲に入る確率や，ある値以上となる確率で表現することで，y の目標を満たす確率を考えることができます．

以上のように，AD 付きの y の予測値や y の確率で表現することで，例えば確率と実験するコストを考慮し，次の実験を行うか，もう実験を終了するかを考え，人が判断することになります．

10.7 モデルの予測結果の活用方法〜モデルの逆解析と目的変数の評価〜

本節はデータ解析によって構築した回帰モデルやクラス分類モデルを用いて予測した結果の活用方法についての話です．使い道は大きく 2 つに分けられます．一つはモデルの逆解析，もう一つは目的変数 y の評価です．

モデルの逆解析

モデルの逆解析では，y の値が望ましい値になるように，モデルを用いて説明変数 x の値を設計します．基本的には AD[23] 内で x の値を設計することになりますが，例えば回帰分析においては，既存の y の値を超越するような x の値を設計する必要があることもあります．その場合には，繰り返し実験することを前提として BO[5] で x の値を設計するとよいでしょう．モデルの逆解析により，比較的少ない実験回数で，効率的に x の値を設計できるようになります．AD 内

でxの値を設計するのか，BOを利用するかについては9.3節をご覧ください．

■ 目的変数の評価

モデルのもう一つの使い方は，yの値の評価です．例えば，ある化合物がどの程度の毒性をもつか評価したり，他にも材料などの物性や特性の値が規格内かどうか評価したりします．ソフトセンサー[1]もyの値の評価です．

もしくは，ある実験条件の値から少し値がズレたときに，yの値がどの程度ばらつくか，といったことも評価になります．なおモデルの逆解析のとき，yの値のばらつきについても考慮する方法については10.3節をご覧ください．

評価においては基本的にAD内で議論をすべきです．ADを超えたxの値に関しては，評価できないとか，評価された値には大きなばらつきがある，といった結果として考えるとよいでしょう．

評価においても，本来であれば実験で評価するべきところをモデルによって評価することで，実験回数を減らすことができます．あるxの値付近でのyの値のばらつきの評価においても，そのための評価実験をすることなく評価できます．選挙において出口調査などの情報により開票率0%でも当選確定が出ることと似ています．

以上のような，モデルの予測結果を活用するときに，逆解析をするのか，yの評価をするのか意識して使い分けると，それぞれにおいて適切な使い方ができ，必要なことが整理され，議論がスムーズになるでしょう．

10.8 目的変数が複数個あるときのモデルの逆解析

モデルの逆解析のとき，目的変数yが一つであれば，その推定値がよさそうなサンプルを選んだり，BO[5]で獲得関数の値が大きいサンプルを選んだりすればOKです．ただyが2つ以上になると，少し難しくなります．yごとに目標値や目標範囲があり，すべてのyの目標を満たすサンプルを選ぶ必要があるためです．このあたりのサンプルの選び方について話します．なお，すべてのyにおいて，予測値もしくはベイズ最適化における獲得関数の値が得られていることを前提とします．

基本的にはデータ解析や機械学習の目的に応じてサンプルを選ぶのがよいで

しょう．例えば材料設計のとき，複数の物性 (目的変数) があり，それぞれ目標値があるといっても，優先順位があるはずです．その優先順位に従って，予測値のよさそうなサンプルや獲得関数の値が大きなサンプルを選びます．ただ，例えばサンプルの候補が 100 万個あるとすると，すべてのサンプルを一つ一つ自分の目で見て確認するのは難しいです．100 万の候補から，確認すべき候補を効率的に選択する必要があります．

サンプルの選び方の一つとして，サンプルの中からパレート最適解を選択する方法があります．パレート最適解とは，の説明をするより，パレート最適解でないサンプルの説明をして，それではないのがパレート最適解，と説明したほうがわかりやすいでしょう．あるサンプルについて，すべての y において値が望ましい (予測値が目標値に近い，もしくは獲得関数の値が大きい) 別のサンプルが存在するとき，そのサンプルはパレート最適解ではありません．パレート最適解ではないサンプルをすべて除いたとき，残ったサンプルがパレート最適解です．100 万サンプルすべてではなく，パレート最適解のサンプルのみ確認することになります．

パレート最適解を選ぶ以外の方法の一つに，一つの指標に落とし込み，その指標に基づいてサンプルを選ぶ方法があります．予測値や獲得関数は，y ごとに目標値や値のスケールが異なることが多いため，そのままでは平等に扱えません．適切に前処理をしてから指標を計算する必要があります．

まず，y ごとに予測値から目標値を引き，その絶対値を求めます (値が 0 以上になります)．この変換により，0 に近いほど目標値に近くなります．なお獲得関数であれば，最大値を引いた変数にします．これにより 0 に近いほど良好なサンプルになります．続いて，変換された予測値を，各 y の実測値の標準偏差で割ります (推定値の標準偏差ではありません．ご注意ください)．なお獲得関数の場合は，対応する実測値がないため，トレーニングデータで計算された獲得関数の標準偏差を使用し，それで変換された予測値を割ります．これにより予測値や獲得関数が y ごとに標準化されます．

以上の操作により，0 に近いほど目標に近くなり，かつすべての y のスケールがそろい平等に扱えるようになります．最後に，変換後のすべての y の和をとり，一つの指標とします．この指標の値が 0 に近い順にサンプルを並び替えて，順番に確認すると効率的になります．なお，単純に変換後のすべての y の和をとるのではなく，y ごとの重要度に合わせて各 y に重みを設定し，重みを

つけて足し合わせてもよいでしょう.

BO において, 獲得関数が y ごとに目標を満たす確率である場合は, 単純にそれらを掛け合わせることで, すべての y の目標を同時に満たす確率に変換できます. この確率が高い順にサンプルを選択してもよいでしょう.

10.9 Gaussian mixture regression (GMR)

Gaussian mixture regression (GMR) は Gaussian mixture model (GMM) (6.2 節参照) に基づいて回帰分析を行う手法であり, 目的変数 y の値から説明変数 x の値を直接予測すること (直接的逆解析) が可能です. GMM では, データセットにおける y, x を含むすべての変数間の関係が, 複数の正規分布 (normal distribution or Gaussian distribution) の重ね合わせによって表現されると仮定されます. そして, 各正規分布の重み (重みをすべて足し合わせると 1 になります) と正規分布ごとの平均と分散共分散行列を, 実際のデータセットに合うように最適化します. まずは, GMM について説明し, 続いて GMM を用いた回帰分析や直接的逆解析について説明します.

x のサンプル **x** (要素数 m の横ベクトル, m は x の特徴量の数) について, GMM の確率密度分布 $p(\mathbf{x})$ は以下の式で表されます.

$$p(\mathbf{x}) = \sum_{k=1}^{n} \pi_k N\left(\mathbf{x} \mid \mu_k, \Sigma_k\right) \tag{10.1}$$

ここで $N()$ は正規分布を表し, μ_k, Σ_k はそれぞれ k 番目の正規分布における平均ベクトルと分散共分散行列, n は正規分布の数です. π_k は k 番目の正規分布の重みであり, 以下のような条件で与えられます.

$$0 \leq \pi_k \leq 1, \quad \sum_{k=1}^{n} \pi_k = 1 \tag{10.2}$$

μ_k, Σ_k, π_k は以下の対数尤度関数に基づく expectation-maximization (EM) アルゴリズムにより求められます.

$$\log\{p(\mathbf{x} \mid \mu, \Sigma, \pi)\} = \sum_{i=1}^{N} \log\left\{\sum_{k=1}^{n} \pi_k N\left(\mathbf{x}_i \mid \mu_k, \Sigma_k\right)\right\} \tag{10.3}$$

ここで N はサンプル数です.

GMR では x のサンプル **x** と y のサンプル **y** (要素数 p の横ベクトル，p は y の特徴量の数) を合わせたデータセットで GMM を計算することで，x と y の同時確率分布を求めます．確率の乗法定理とベイズの定理から，x の値が与えられたときの事後確率分布 $p(\mathbf{y}|\mathbf{x})$ を計算することで y の値を予測でき，逆に y の値が与えられたときの事後確率分布 $p(\mathbf{x}|\mathbf{y})$ を計算することで，x の値の予測，すなわちモデルの逆解析ができます．

GMM の確率密度分布の式 (10.1) において x と y を明示的に分けることで，x と y の同時確率分布は以下のように表されます．

$$p(\mathbf{x}, \mathbf{y}) = \sum_{i=1}^{n} \pi_i N \left(\begin{bmatrix} \mathbf{x} & \mathbf{y} \end{bmatrix} \middle| \begin{bmatrix} \mathbf{\mu}_{x,i} & \mathbf{\mu}_{y,i} \end{bmatrix}, \begin{bmatrix} \mathbf{\Sigma}_{xx,i} & \mathbf{\Sigma}_{yx,i} \\ \mathbf{\Sigma}_{xy,i} & \mathbf{\Sigma}_{yy,i} \end{bmatrix} \right) \tag{10.4}$$

ここで $\mathbf{\mu}_{x,i}$，$\mathbf{\mu}_{y,i}$ はそれぞれ i 番目の正規分布における x の平均ベクトルおよび y の平均ベクトル，$\mathbf{\Sigma}_{xx,i}$，$\mathbf{\Sigma}_{yy,i}$ はそれぞれ i 番目の正規分布における，x の分散共分散行列および y の分散共分散行列，$\mathbf{\Sigma}_{xy,i}$，$\mathbf{\Sigma}_{yx,i}$ は i 番目の正規分布における x と y の共分散行列です．

y の値から x の値を推定することは，y の値が与えられたときの x の事後確率分布 $p(\mathbf{x}|\mathbf{y})$ を求めることに対応し，$p(\mathbf{x}|\mathbf{y})$ は確率の乗法定理とベイズの定理より以下のように変形できます．

$$\begin{aligned} p(\mathbf{x} \mid \mathbf{y}) &= \sum_{i=1}^{n} p\left(\mathbf{x} \mid \mathbf{y}, \mathbf{\mu}_{y,i}, \mathbf{\Sigma}_{yy,i}\right) p\left(\mathbf{\mu}_{y,i}, \mathbf{\Sigma}_{yy,i} \mid \mathbf{x}\right) \\ &= \sum_{i=1}^{n} p\left(\mathbf{x} \mid \mathbf{y}, \mathbf{\mu}_{y,i}, \mathbf{\Sigma}_{yy,i}\right) \frac{p\left(\mathbf{y} \mid \mathbf{\mu}_{y,i}, \mathbf{\Sigma}_{yy,i}\right) p\left(\mathbf{\mu}_{y,i}, \mathbf{\Sigma}_{y,i}\right)}{\sum_{j=1}^{n} p\left(\mathbf{y} \mid \mathbf{\mu}_{y,j}, \mathbf{\Sigma}_{yy,j}\right) p\left(\mathbf{\mu}_{y,j}, \mathbf{\Sigma}_{yy,j}\right)} \\ &= \sum_{i=1}^{n} p\left(\mathbf{x} \mid \mathbf{y}, \mathbf{\mu}_{y,i}, \mathbf{\Sigma}_{yy,i}\right) \frac{\pi_i p\left(\mathbf{y} \mid \mathbf{\mu}_{y,i}, \mathbf{\Sigma}_{yy,i}\right)}{\sum_{j=1}^{n} \pi_j p\left(\mathbf{y} \mid \mathbf{\mu}_{y,j}, \mathbf{\Sigma}_{y,j}\right)} \\ &= \sum_{i=1}^{n} w_{y,i} p\left(\mathbf{x} \mid \mathbf{y}, \mathbf{\mu}_{y,i}, \mathbf{\Sigma}_{yy,i}\right) \end{aligned} \tag{10.5}$$

ただし，$w_{y,i}$ は以下の式で与えられます．

$$w_{y,i} = \frac{\pi_i p\left(\mathbf{y} \mid \mathbf{\mu}_{y,i}, \mathbf{\Sigma}_{y,i}\right)}{\sum_{j=1}^{n} \pi_j p\left(\mathbf{y} \mid \mathbf{\mu}_{y,j}, \mathbf{\Sigma}_{yy,j}\right)} \tag{10.6}$$

ここで $p(\mathbf{x}|\mathbf{y}, \mathbf{\mu}_{y,i}, \mathbf{\Sigma}_{yy,i})$ は，x の推定結果を表す混合正規分布 $p(\mathbf{x}|\mathbf{y})$ における i 番目の正規分布を意味し，$w_{y,i}$ はその正規分布の重みを意味します．n 個の正

規分布 (それぞれ $p(\mathbf{x}|\mathbf{y}, \boldsymbol{\mu}_{\mathrm{y},i}, \boldsymbol{\Sigma}_{\mathrm{yy},i})$) を, $w_{\mathrm{y},i}$ をそれぞれの正規分布の重みとして足し合わせると, x の推定結果の混合正規分布 $p(\mathbf{x}|\mathbf{y})$ になります. i 番目の正規分布 $p(\mathbf{x}|\mathbf{y}, \boldsymbol{\mu}_{\mathrm{y},i}, \boldsymbol{\Sigma}_{\mathrm{yy},i})$ について, 平均ベクトル $\mathbf{m}_i(\mathbf{y})$ および分散共分散行列 $\mathbf{S}_i(\mathbf{y})$ は以下の式で与えられます.

$$\mathbf{m}_i(\mathbf{y}) = \boldsymbol{\mu}_{\mathrm{x},i} + \left(\mathbf{y} - \boldsymbol{\mu}_{\mathrm{y},i}\right) \boldsymbol{\Sigma}_{\mathrm{yy},i}^{-1} \boldsymbol{\Sigma}_{\mathrm{yx},i} \tag{10.7}$$

$$\mathbf{S}_i(\mathbf{y}) = \boldsymbol{\Sigma}_{\mathrm{xx},i} - \boldsymbol{\Sigma}_{\mathrm{xy},i} \boldsymbol{\Sigma}_{\mathrm{yy},i}^{-1} \boldsymbol{\Sigma}_{\mathrm{yx},i} \tag{10.8}$$

なお以上の説明において x と y を逆にすれば, x の値から y の値を推定できます.

GMR におけるハイパーパラメータは以下の 3 つです.

- 混合正規分布の数：(候補例) 1, 2, . . . , 30
- 分散共分散行列の種類：(候補例) scikit-learn の sklearn.mixture.GaussianMixture [67] における 'full', 'diag', 'tied', 'spherical'
- x もしくは y の推定結果である混合正規分布から, 推定値としての代表値を得る方法：(候補例) 式 (10.6) の $w_{\mathrm{y},i}$ が最大となる正規分布の平均値 (mode), もしくは式 (10.6) の $w_{\mathrm{y},i}$ によって重み付き平均を計算 (mean)

ハイパーパラメータの候補のすべての組み合わせでクロスバリデーション (CV) を行い, 決定係数 r^2 が最も大きい組み合わせを選択します. なお，「y もしくは x の推定結果である混合正規分布から, 推定値としての代表値を得る方法」として, 非線形最適化や遺伝的アルゴリズムにより $p(\mathbf{x}|\mathbf{y})$ もしくは $p(\mathbf{y}|\mathbf{x})$ が最も大きくなる値を求めることもできます (10.11 節参照).

GMR のサンプルプログラムは DCEKit [12] における以下の 2 つです.

- demo_gmr.py：ハイパーパラメータ (混合正規分布の数, 分散共分散行列の種類, 推定値としての代表値を得る方法) を固定して GMR モデルを構築し, 順解析および直接的逆解析を実施
- demo_gmr_with_cross_validation.py：ハイパーパラメータ (混合正規分布の数, 分散共分散行列の種類, 推定値としての代表値を得る方法) を CV で最適化してから GMR モデルを構築し, 順解析および直接的逆解析を実施

GMR モデルを用いた予測 (順解析および逆解析) では, x と y の区別をすることなく, 入力として指定した特徴量の値から, 出力として指定した特徴量の値を予測できることがわかります. ぜひご活用ください.

10.10 variational Bayesian Gaussian mixture regression (VBGMR)

10.9 節の GMR では,モデルのパラメータ μ_k, Σ_k, π_k を対数尤度関数に基づく EM アルゴリズムにより求めました.一方で,変分ベイズ法を用いることで,各パラメータに事前分布を設定して安定的にパラメータの値を推定できます.変分ベイズ法によりモデルパラメータを求める GMR を variational Bayesian Gaussian mixture regression (VBGMR)[68] と呼びます.

μ_k, Σ_k, π_k を変分ベイズ法で求める際,平均 (μ) と分散共分散行列 (Σ) の事前分布として以下のガウス–ウィシャート分布が導入されます.

$$p(\mu, \Sigma) = \prod_{k=1}^{n} N (\mu_k \mid \mathbf{m}_0, \alpha_0 \Sigma_k) \, W (\Sigma_k \mid \mathbf{W}_0, \beta_0) \tag{10.9}$$

ここで W はウィシャート分布を表します.$\mathbf{m}_0$ はガウス分布の平均であり,x の平均値で与えられます.α_0 はガウス分布の分散共分散行列のパラメータであり,1 で与えられます.$\mathbf{W}_0$, β_0 はウィシャート分布のパラメータであり,$\mathbf{W}_0$ は x の分散共分散行列に基づいて決められ,β_0 は特徴量の数で与えられます.

正規分布の重み (π) の事前分布として,ディレクレ分布とディレクレ過程が考えられます.ディレクレ分布を用いた場合,事前分布は以下の式で与えられます.

$$p(\pi) = Dir \, (\pi \mid \gamma_0) \tag{10.10}$$

ここで Dir はディレクレ分布を表し,γ_0 はハイパーパラメータです.ディレクレ過程は,無限次元のディリクレ分布と考えることができ,stick-breaking process や Chinese restaurant process により無限離散分布が推定されます.

$$\pi_k = \nu_k \prod_{i=1}^{k} (1 - \nu_k) \tag{10.11}$$

$$\nu_k \sim Beta \, (1, \gamma_0) \tag{10.12}$$

ここで $Beta$ はベータ分布を表し,γ_0 はハイパーパラメータです.詳細についてはこちらの文献[69] をご覧ください.

これらの事前分布に基づいて,EM アルゴリズムと同様にして繰り返し計算により μ_k, Σ_k, π_k が求められます.モデルパラメータを求めた後の,x から y の予測 (順解析) や y から x の予測 (逆解析) の方法については GMR と同様です.

VBGMR におけるハイパーパラメータは以下の 5 つです.

- 混合正規分布の数：(候補例) 1, 2, . . . , 30
- 分散共分散行列の種類：(候補例) scikit-learn の sklearn.mixture.GaussianMixture [67] における 'full'，'diag'，'tied'，'spherical'
- 重みの事前分布の種類：(候補例) ディリクレ分布，ディリクレ過程
- 重みの事前分布のパラメータ γ_0：(候補例) 10^{-4}，10^{-2}，10^0
- x もしくは y の推定結果である混合正規分布から，推定値としての代表値を得る方法：(候補例) 式 (10.6) の $w_{y,i}$ が最大となる正規分布の平均値 (mode)，もしくは式 (10.6) の $w_{y,i}$ によって重み付き平均を計算 (mean)

ハイパーパラメータの候補のすべての組み合わせで CV を行い，決定係数 r^2 が最も大きい組み合わせを選択します．なお，「y もしくは x の推定結果である混合正規分布から，推定値としての代表値を得る方法」として，非線形最適化や遺伝的アルゴリズムにより $p(\mathbf{x}|\mathbf{y})$ もしくは $p(\mathbf{y}|\mathbf{x})$ が最も大きくなる値を求めることもできます (10.11 節参照)．

VBGMR のサンプルプログラムは DCEKit[12] における以下の 2 つです．

- `demo_vbgmr.py`：ハイパーパラメータ (混合正規分布の数，分散共分散行列の種類，推定値としての代表値を得る方法) を固定して VBGMR モデルを構築し，順解析および直接的逆解析を実施
- `demo_vbgmr_with_cross_validation.py`：ハイパーパラメータ (混合正規分布の数，分散共分散行列の種類，推定値としての代表値を得る方法) を CV で最適化してから VBGMR モデルを構築し，順解析および直接的逆解析を実施

VBGMR モデルを用いた予測 (順解析および逆解析) では，x と y の区別をすることなく，入力として指定した特徴量の値から，出力として指定した特徴量の値を予測できることがわかります．ぜひご活用ください．

10.11 True GMR と説明変数に制約条件がある中での遺伝的アルゴリズムを用いた逆解析

GMR もしくは VBGMR において，説明変数 x から目的変数 y を推定するときも，y から x を推定するときも，それぞれ y や x の確率密度分布として混合正規分布で表現されます．この後，本来すべきことは，その確率密度分布，すなわち混合正規分布の値が最も大きくなる x の値や y の値を，それぞれの推定

値とすることです．しかし実際には，10.9 節のように各正規分布の平均値を各正規分布の重みを用いて重み付け平均した値や，重みが最も大きい正規分布の平均値を推定値としています．これらの値が，確率密度分布の頂点，すなわち混合正規分布の最大値であるとは限りません．そこで，GMR による x や y の推定値を，確率密度分布の値が最大になるように探索する true Gaussian mixture regression (True GMR) が提案されました[70]．True GMR では，式 (10.5) の確率密度関数を非線形関数として，その最大値を与える x や y の値を，非線形の連続最適化問題として解きます．なお連続最適化手法として，非線形最適化のための反復解法の一つである sequential least squares programming[71] が用いられます．非線形の連続最適化問題を解く際の初期値の候補として，各正規分布の平均値を各正規分布の重みを用いて重み付け平均した値と，重みが最も大きい正規分布の平均値があるため，それぞれの初期値で問題を解き，2 つの結果で確率密度が最も大きい値となる解が採用されます．

True GMR は，特徴量が連続値をもち，制約条件が上限・下限であったり，線形方程式や非線形方程式で表されたりしていれば，解を求めることができます．しかし，特徴量が離散的な値をもつ場合は True GMR を適用することができません．例えば，ポリマー重合のときの添加剤の有無 (0 or 1) や，装置の制約によって温度が 1℃ や 5℃ ずつでしか変更できない場合などに対応できません．

そこで，メタヒューリスティクスアルゴリズム，特に遺伝的アルゴリズム (GA) を活用して，確率密度関数の値が高い x や y を探索する手法 GA-based optimization with constraints using GMR (GAOC-GMR) が提案されました[70]．GA は x や y の候補を遺伝子で表現した個体を複数用意し，適応度の高い個体を優先的に選択して交叉・突然変異などの操作を繰り返しながら解を探索します．GAOC-GMR では GA の適応度を式 (10.5) の対数値とします．GA の個体を工夫することで，モデルの逆解析における x の様々な制約条件を考慮できます．x の制約条件として以下のものが考えられます．

① 特徴量の上限と下限
② 0 か 1 しか値をもたない
③ いくつかの特徴量の値を足し合わせると m_3 となる
④ いくつかの特徴量の値を足し合わせると m_4 以上，n_4 以下となる
⑤ いくつかの特徴量のうち，m_5 個の特徴量だけ n_5 となる ($n_5 = 1$ のときはダミー変数)

⑥ いくつかの特徴量のうち，m_6 個の特徴量だけ 0 以外の値をもち，それ以外の変数は 0 をもつ

⑦ 小数第 m_7 位まで，もしくは 10 の n_7 の位まで値をもつ

①の特徴量の上限と下限について，例えばモル分率であれば 0 以上 1 以下であり，装置の制約条件により温度や圧力などの合成条件に上限や下限が与えられることがあります．②の 0 か 1 しか値をもたない特徴量について，例えば，添加剤の有無や，洗浄の有無，原料の前処理の有無のようなダミー変数は 0 か 1 の値しかもちません．すべてのカテゴリー変数はダミー変数で表すことができます．1 以外の値をもつ特徴量の場合は，スケーリングにより 0，1 に変換できます．③の，いくつかの特徴量の値を足し合わせると m_3 となることについて，いくつかの原料を混合する場合に原料ごとのモル分率を考えるとき，それらを足し合わせると 1 にする必要があります．いくつかの特徴量のセットそれぞれ，合計値が決まっていることもあります．

④のように，合計値がある範囲に入っている必要があることもあります．複数の候補をもつカテゴリー変数をダミー変数で表すとき，⑤のように，ダミー変数のうち一つだけ 1 で他は 0 である必要があります．複数の原料の種類の中から，いくつかを選択して用いるとき，⑥のようにいくつかの特徴量のうち，m_6 個の特徴量だけ 0 以外の値をもち，それ以外の特徴量は 0 をもつことになります．

⑦として，原料を調製する際に小数点第 m_7 位までしか調整できなかったり，装置によって温度や圧力の設定としてある単位でしか変えられなかったりするため，数値を丸め込む必要があります．このため問題は離散最適化もしくは組合せ最適化といえます．

GAOC-GMR では GA の個体を生成する際に，以上の x の制約条件を考慮します．その上で，式 (10.5) の確率密度関数の最大値となる x を計算します．これにより GAOC-GMR は離散最適化もしくは組合せ最適化にも対応可能です．

True GMR と GAOC-GMR のサンプルプログラムは，DCEKit[12] におけるそれぞれ `demo_true_gmr.py`，`demo_gaoc_gmr.py` です．ぜひご活用ください．

5.4 節の GTM を回帰分析に拡張した手法が generative topographic mapping regression (GTMR) です．5.4 節では説明変数 x のみを用いて GTM を実行していましたが，GTMR とするためには，x と目的変数 y を単純に合わせて GTM を行います．言い換えると，x の数を m 個，y の数を n 個とするとき，$(m+n)$ 個の変数で GTM モデルを構築します．このモデルである式 (5.10) は x と y の同時確率分布 $p(\mathbf{y}, \mathbf{x})$ であり，GMM と同様に混合正規分布となります．そのため 10.9 節の GMR で説明したように，確率の乗法定理とベイズの定理から，x の値が与えられたときの事後確率分布 $p(\mathbf{y}|\mathbf{x})$ を計算することで y の値を予測でき，逆に y の値が与えられたときの事後確率分布 $p(\mathbf{x}|\mathbf{y})$ を計算することで，x の値の予測，すなわちモデルの逆解析ができます．

まず，x と y を合わせた $(m+n)$ 個の変数で GTM モデルを構築したときの式 (5.10) について考えます．式 (5.8)，(5.9) の形より，GMM と同様に混合正規分布であることがわかります．x と y を明示的に分けて式 (5.10) を表すと以下のようになります．

$$
\begin{aligned}
p(\mathbf{x}, \mathbf{y}) &= \frac{1}{k^2} \sum_{i=1}^{k^2} \left(\frac{\beta}{2\pi}\right)^{\frac{m}{2}} \exp\left\{-\frac{\beta}{2}\left\|\Phi\left(\mathbf{z}^{(i)}\right)\mathbf{W} - \begin{bmatrix}\mathbf{x} & \mathbf{y}\end{bmatrix}\right\|^2\right\} \\
&= \frac{1}{k^2} \sum_{i=1}^{k^2} N\left(\begin{bmatrix}\mathbf{x} & \mathbf{y}\end{bmatrix} \middle| \begin{bmatrix}\boldsymbol{\mu}_{\mathrm{x},i} & \boldsymbol{\mu}_{\mathrm{y},i}\end{bmatrix}, \begin{bmatrix}\boldsymbol{\Sigma}_{\mathrm{xx},i} & \boldsymbol{\Sigma}_{\mathrm{yx},i} \\ \boldsymbol{\Sigma}_{\mathrm{xy},i} & \boldsymbol{\Sigma}_{\mathrm{yy},i}\end{bmatrix}\right)
\end{aligned}
\tag{10.13}
$$

ただし，

$$
\begin{bmatrix}\boldsymbol{\mu}_{\mathrm{x},i} & \boldsymbol{\mu}_{\mathrm{y},i}\end{bmatrix} = \Phi\left(\mathbf{z}^{(i)}\right)\mathbf{W}
\tag{10.14}
$$

$$
\begin{bmatrix}\boldsymbol{\Sigma}_{\mathrm{xx},i} & \boldsymbol{\Sigma}_{\mathrm{yx},i} \\ \boldsymbol{\Sigma}_{\mathrm{xy},i} & \boldsymbol{\Sigma}_{\mathrm{yy},i}\end{bmatrix} = \begin{pmatrix} 1/\beta & 0 & \cdots & 0 \\ 0 & 1/\beta & \cdots & 0 \\ \vdots & \vdots & \ddots & \vdots \\ 0 & 0 & \cdots & 1/\beta \end{pmatrix}
\tag{10.15}
$$

です．ここで $\boldsymbol{\mu}_{\mathrm{x},i}, \boldsymbol{\mu}_{\mathrm{y},i}$ はそれぞれ i 番目の正規分布における x の平均ベクトルおよび y の平均ベクトル，$\boldsymbol{\Sigma}_{\mathrm{xx},i}, \boldsymbol{\Sigma}_{\mathrm{yy},i}$ はそれぞれ i 番目の正規分布における，x の分散共分散行列および y の分散共分散行列，$\boldsymbol{\Sigma}_{\mathrm{xy},i}, \boldsymbol{\Sigma}_{\mathrm{yx},i}$ は i 番目の正規分布

における x と y の共分散行列です.

式 (10.13), (10.14), (10.15) は, x の $(m+1)$ 番目からの変数として y があるだけで, 式 (5.10) と全く同じです. 5.4 節と同様に GTM モデルを構築します.

次に, GTMR により x から y を予測することは, 以下の式のように, x が与えられたときの y の事後分布を求めることに対応します.

$$
\begin{aligned}
p(\mathbf{y} \mid \mathbf{x}) &= \sum_{i=1}^{k^2} p\left(\mathbf{y} \mid \mathbf{x}, \mathbf{\mu}_{\mathrm{x},i}, \mathbf{\Sigma}_{\mathrm{xx},i}\right) p\left(\mathbf{\mu}_{\mathrm{x},i}, \mathbf{\Sigma}_{\mathrm{xx},i} \mid \mathbf{x}\right) \\
&= \sum_{i=1}^{k^2} p\left(\mathbf{y} \mid \mathbf{x}, \mathbf{\mu}_{\mathrm{x},i}, \mathbf{\Sigma}_{\mathrm{xx},i}\right) \frac{p\left(\mathbf{x} \mid \mathbf{\mu}_{\mathrm{x},i}, \mathbf{\Sigma}_{\mathrm{xx},i}\right) p\left(\mathbf{\mu}_{\mathrm{x},i}, \mathbf{\Sigma}_{\mathrm{xx},i}\right)}{\sum_{j=1}^{k^2} p\left(\mathbf{x} \mid \mathbf{\mu}_{\mathrm{x},i}, \mathbf{\Sigma}_{\mathrm{xx},j}\right) p\left(\mathbf{\mu}_{\mathrm{x},i}, \mathbf{\Sigma}_{\mathrm{xx},j}\right)} \\
&= \sum_{i=1}^{k^2} w_{\mathrm{x},i} \, p\left(\mathbf{y} \mid \mathbf{x}, \mathbf{\mu}_{\mathrm{x},i}, \mathbf{\Sigma}_{\mathrm{xx},i}\right)
\end{aligned} \tag{10.16}
$$

ただし, $w_{\mathrm{x},i}$ は以下の式で与えられます.

$$
w_{\mathrm{x},i} = \frac{p\left(\mathbf{x} \mid \mathbf{\mu}_{\mathrm{x},i}, \mathbf{\Sigma}_{\mathrm{xx},i}\right) p\left(\mathbf{\mu}_{\mathrm{x},i}, \mathbf{\Sigma}_{\mathrm{xx},i}\right)}{\sum_{j=1}^{k^2} p\left(\mathbf{x} \mid \mathbf{\mu}_{\mathrm{x},i}, \mathbf{\Sigma}_{\mathrm{xx},j}\right) p\left(\mathbf{\mu}_{\mathrm{x},i}, \mathbf{\Sigma}_{\mathrm{xx},j}\right)} \tag{10.17}
$$

i 番目の正規分布 $p(\mathbf{y}|\mathbf{x}, \mathbf{\mu}_{\mathrm{x},i}, \mathbf{\Sigma}_{\mathrm{xx},i})$ について, 平均ベクトル $\mathbf{m}_i(\mathbf{x})$ および分散共分散行列 $\mathbf{S}_i(\mathbf{x})$ は, $\mathbf{\Sigma}_{\mathrm{xy},i}$ や $\mathbf{\Sigma}_{\mathrm{yx},i}$ が 0 行列であることから以下のように変形できます.

$$
\begin{aligned}
\mathbf{m}_i(\mathbf{x}) &= \mathbf{\mu}_{\mathrm{y},i} + \left(\mathbf{x} - \mathbf{\mu}_{\mathrm{x},i}\right) \mathbf{\Sigma}_{\mathrm{xx},i}^{-1} \mathbf{\Sigma}_{\mathrm{xy},i} \\
&= \mathbf{\mu}_{\mathrm{y},i}
\end{aligned} \tag{10.18}
$$

$$
\begin{aligned}
\mathbf{S}_i(\mathbf{x}) &= \mathbf{\Sigma}_{\mathrm{yy},i} - \mathbf{\Sigma}_{\mathrm{yx},i} \mathbf{\Sigma}_{\mathrm{xx},i}^{-1} \mathbf{\Sigma}_{\mathrm{xy},i} \\
&= \mathbf{\Sigma}_{\mathrm{yy},i}
\end{aligned} \tag{10.19}
$$

これらはそれぞれ, 式 (10.14), (10.15) の y の部分に対応します. 式 (10.17) の $p(\mathbf{\mu}_{\mathrm{x},i}, \mathbf{\Sigma}_{\mathrm{xx},i})$ (および $p(\mathbf{\mu}_{\mathrm{x},j}, \mathbf{\Sigma}_{\mathrm{xx},j})$) は $1/k^2$ であり, $p(\mathbf{x}|\mathbf{\mu}_{\mathrm{x},i}, \mathbf{\Sigma}_{\mathrm{xx},i})$ は平均 $\mathbf{\mu}_{\mathrm{x},i}$ で, 分散共分散行列が $\mathbf{\Sigma}_{\mathrm{xx},i}$ の多次元正規分布の $\mathbf{x}$ での確率密度関数の値を計算することに対応します. 以上により $p(\mathbf{y}|\mathbf{x})$ が求められます. なお i がどのような値でも $p(\mathbf{x}|\mathbf{\mu}_{\mathrm{x},i}, \mathbf{\Sigma}_{\mathrm{xx},i})$ が小さいとき, AD 外といえます.

式 (10.16) より, $p(\mathbf{y}|\mathbf{x})$ は混合正規分布として得られます. ただ実用的には, 予測結果は y の一つの値である必要があります. 非線形最適化やモンテカルロシミュレーションや GA 等の最適化手法により $p(\mathbf{y}|\mathbf{x})$ が最も大きくなる y の値を求めることもできますが, 簡便に y の推定値を得るため, 10.9 節の GMR と同様にして以下の 2 つの方法があります.

- 式 (10.17) の $w_{x,i}$ を重みとした $\mathbf{m}_i(\mathbf{x})$ の重み付き平均
- 式 (10.17) の $w_{x,i}$ が最大となる $\mathbf{m}_i(\mathbf{x})$

式 (10.17) の $w_{x,i}$ は与えられた $\mathbf{x}$ に対する GTM マップ上の各グリッドの負担率であり，GTM における responsibility と同様です．そのため GTM と同様にして，2次元マップ上で可視化することもできます．

なお以上の説明において $\mathbf{x}$ と $\mathbf{y}$ を逆にすれば，$\mathbf{y}$ の値から $\mathbf{x}$ の値を推定するといったモデルの逆解析ができます．また $\mathbf{y}$ が複数のときにも対応可能です．

GTMR におけるハイパーパラメータは，GTM のハイパーパラメータに加えて，以下が追加されます．

- $\mathbf{x}$ もしくは $\mathbf{y}$ の推定結果である混合正規分布から，推定値としての代表値を得る方法：(候補例) 式 (10.17) の $w_{x,i}$ が最大となる正規分布の平均値，もしくは式 (10.17) の $w_{x,i}$ によって重み付き平均を計算

モデルの逆解析を含む GTMR のサンプルプログラムは，DCEKit[12] における `demo_gtmr.py`, `demo_gtmr_multi_y.py` です．`demo_gtmr_multi_y.py` では $\mathbf{y}$ が複数ある場合にも GTMR で対応可能であることが確認できます．ぜひご活用ください．

参 考 文 献

1) 金子弘昌，「化学のための Python によるデータ解析・機械学習入門」, オーム社, 2019

2) Shimizu, N., Kaneko, H. Direct inverse analysis based on Gaussian mixture regression for multiple objective variables in material design, Mat. Des., 196, 109168, 2020.

3) Kaneko, H. Extended Gaussian mixture regression for forward and inverse analysis, Chemom. Intell. Lab. Syst., 213, 104325, 2021.

4) 金子弘昌，「Python で気軽に化学・化学工学」, 丸善出版, 2021

5) 金子弘昌，「Python で学ぶ実験計画法入門 ベイズ最適化によるデータ解析」, 講談社, 2021

6) https://github.com/hkaneko1985/python_intermediate_asakura

7) https://www.python.jp/install/anaconda/

8) https://datachemeng.com/anaconda_jupyternotebook_install/

9) https://datachemeng.com/post-4358/

10) https://datachemeng.com/dcekit/

11) https://datachemeng.com/dcekit_manual/

12) https://github.com/hkaneko1985/dcekit

13) https://datachemeng.com/basicdatapreprocessing/

14) https://datachemeng.com/principalcomponentanalysis/

15) https://datachemeng.com/ordinaryleastsquares/

16) https://datachemeng.com/partialleastsquares/

17) https://datachemeng.com/knn/

18) https://datachemeng.com/supportvectormachine/

19) https://datachemeng.com/supportvectorregression/

20) https://datachemeng.com/gaussianprocessregression/

21) https://datachemeng.com/decisiontree/

22) https://datachemeng.com/randomforest/

23) https://datachemeng.com/applicabilitydomain/

24) Baskin, I. I., Kireeva, N., Varnek, A. The one-class classification approach to data description and to models applicability domain, Mol. Inf. 29, 8–9, 2010.

25) https://datachemeng.com/preprocessspectratimeseriesdata/

26) https://datachemeng.com/modelvalidation/

27) http://www.idrc-chambersburg.org/shootout-2012.html

28) Kaneko, H. Automatic outlier sample detection based on regression analysis and repeated ensemble learning, Chemom. Intell. Lab. Syst., 177, 74–82, 2018.

29) Stekhoven, D. J., Bühlmann, P. MissForest—non-parametric missing value imputation for mixed-type data, Bioinformatics, 28, 112–118, 2012.

30) Struski, Ł., Tabor, J., Podolak, I., Nowak, A. Maziarz, K. Realism Index: Interpolation in Generative Models With Arbitrary Prior, arXiv:1904.03445v2, 2019.

31) Zelinka, P. Smooth interpolation of Gaussian mixture models, 19th International Conference Radioelektronika, 10778989, 2009.

32) https://stat.ethz.ch/CRAN/

33) https://pypi.org/project/missingpy/

34) https://datachemeng.com/gaussianmixtureregression/

35) https://datachemeng.com/gaussianmixturemodel/

36) https://en.wikipedia.org/wiki/Iris_flower_data_set

37) https://datachemeng.com/stepwise/

38) https://datachemeng.com/gaplsgasvr/

39) https://datachemeng.com/hierarchicalclustering/

40) Hall, L. H., Story, C.T., Boiling point and critical temperature of a heterogeneous data set: QSAR with atom type electrotopological state indices using artificial neural networks, J. Chem. Inf. Comput. Sci. 36, 1004–1014, 1996.

41) Fortuna, L., Graziani, S., Rizzo, A., Xibilia, M.G. Soft Sensors for Monitoring and Control of Industrial Processes, Springer-Verlag, London, 2007.

42) https://datachemeng.com/boruta/

43) https://datachemeng.com/tsne/

44) https://datachemeng.com/selforganizingmap/

45) Kaneko, H. K-nearest neighbor normalized error for visualization and reconstruc-

tion – A new measure for data visualization performance, Chemom. Intell. Lab. Syst., 176, 22–33, 2018.

46) https://en.wikipedia.org/wiki/Bayesian_information_criteri
on

47) https://scikit-learn.org/stable/auto_examples/mixture/plot
_gmm_pdf.html#sphx-glr-auto-examples-mixture-plot-gmm-pdf-
py

48) Kaneko, H. Sparse generative topographic mapping for both data visualization and clustering, J. Chem. Inf. Model., 58, 2528–2535, 2018.

49) https://datachemeng.com/measurementscale/

50) Kaneko, H. Discussion on regression methods based on ensemble learning and applicability domains of linear sub-models, J. Chem. Inf. Model., 58, 480–489, 2018.

51) Keefer, C. E., Kauffman, G. W., Gupta, R. R. Interpretable, probability-based confidence metric for continuous quantitative structure–activity relationship models, J. Chem. Inf. Model., 53, 368–383, 2013.

52) 佐藤圭悟, 金子弘昌, モデルの適用範囲の考慮したアンサンブル学習法の開発, J. Comput. Chem. Jpn., 18, 187–193, 2019.

53) Kaneko, H. Illustration of merits of semi-supervised learning in regression analysis, Chemom. Intell. Lab. Syst., 182, 47–56, 2018.

54) Kanno, Y., Kaneko, H. Improvement of predictive accuracy in semi-supervised regression analysis by selecting unlabeled chemical structures, Chemom. Intell. Lab. Syst., 191, 82–87, 2019.

55) Daumé III, H. Frustratingly Easy Domain Adaptation, ACL anthology, pp. 256–263, 2007.

56) https://datachemeng.com/doublecrossvalidation/

57) https://datachemeng.com/gradient_boosting/

58) Kaneko, H. Cross-validated permutation feature importance considering correlation between features, submitted.

59) Lundberg, S., Lee, S.I. A Unified Approach to Interpreting Model Predictions, arXiv:1705.07874v2, 2017.

60) https://datachemeng.com/bpnn/

61) https://datachemeng.com/rrlassoen/

62) https://datachemeng.com/midknn/

63) Kaneko, H. Estimation of predictive performance for test data in applicability domains using y-randomization, J. Chemom., 33(9), e3171, 2019.

64) https://ja.wikipedia.org/wiki/内挿

65) https://datachemeng.com/fastoptsvrhyperparams/

66) https://datachemeng.com/wp-content/uploads/variable_transfↄ orm_ad.py

67) https://scikit-learn.org/stable/modules/generated/sklearn.ↄ mixture.GaussianMixture.html

68) Kaneko, H. Extended Gaussian mixture regression for forward and inverse analysis, Chemom. Intell. Lab. Syst., 213, 104325, 2021.

69) Blei, D. M., Jordan, M. I. Variational inference for Dirichlet process mixtures, Bayesian Anal. 1, 121–143, 2006.

70) Kaneko, H. True Gaussian mixture regression and genetic algorithm-based optimization with constraints for direct inverse analysis, STAM: Methods, 2(1), 14–22, 2022.

71) https://docs.scipy.org/doc/scipy/reference/optimize.minimiↄ ze-slsqp.html

索　引

著者略歴

金子弘昌
かね こ ひろ まさ

1985 年　栃木県に生まれる
2011 年　東京大学大学院工学系研究科化学システム工学専攻博士課程修了
現　在　明治大学理工学部准教授
　　　　博士 (工学)

〈おもな著書〉
『化学のための Python によるデータ解析・機械学習入門』（オーム社 , 2019 年）
『Python で気軽に化学・化学工学』（丸善出版 , 2021 年）
『Python で学ぶ実験計画法入門 ベイズ最適化によるデータ解析』（講談社 , 2021 年）

化学・化学工学のための
実践データサイエンス　　　　定価はカバーに表示

2022 年 10 月 1 日　初版第 1 刷

著　者　金　子　弘　昌

発行者　朝　倉　誠　造

発行所　株式会社　朝　倉　書　店

東京都新宿区新小川町 6-29
郵 便 番 号　162-8707
電　話　03 (3260) 0141
F A X　03 (3260) 0180
https://www.asakura.co.jp

〈検印省略〉

シナノ印刷・渡辺製本

生体内移動論

Fournier, R. L.(著) ／酒井 清孝 (監訳)

A5 判／756 頁　978-4-254-25043-5 C3058　定価 16,500 円（本体 15,000 円＋税）

定評ある "Basic Transport Phenomena in Biomedical Engineering" 第 4 版の翻訳。医工学で重要な生体内での移動現象を，具体例を用いて基礎から丁寧に解説。〔内容〕熱力学／体液の物性／物質移動／酸素の移動／薬物動態／体外装置／組織工学と再生医療／人工臓器／

バイオインフォマティクス —Python による実践レシピ—

Antao, T.(著) ／阿久津 達也・竹本 和広 (訳)

A5 判／320 頁　978-4-254-12254-1 C3041　定価 5,720 円（本体 5,200 円＋税）

Python を中心とするツール群の活用例を具体的なレシピ約 50 で紹介。目の前の研究に活かせる。環境構築から丁寧に解説。〔内容〕次世代シークエンス／ゲノム解析／集団遺伝学／系統学／タンパク質／データ公開・共有／ビッグデータ／他

実践 Python ライブラリー Python による ベイズ統計学入門

中妻 照雄 (著)

A5 判／224 頁　978-4-254-12898-7 C3341　定価 3,740 円（本体 3,400 円＋税）

ベイズ統計学を基礎から解説，Python で実装。マルコフ連鎖モンテカルロ法には PyMC3 を活用。〔内容〕「データの時代」におけるベイズ統計学／ベイズ統計学の基本原理／様々な確率分布／ PyMC ／時系列データ／マルコフ連鎖モンテカルロ法

実践 Python ライブラリー Python による数値計算入門

河村 哲也・桑名 杏奈 (著)

A5 判／216 頁　978-4-254-12900-7 C3341　定価 3,740 円（本体 3,400 円＋税）

数値計算の基本からていねいに解説，理解したうえで Python で実践。〔内容〕数値計算をはじめる前に／非線形方程式／連立 1 次方程式／固有値／関数の近似／数値微分と数値積分／フーリエ変換／常微分方程式／偏微分方程式。

Python インタラクティブ・データビジュアライゼーション入門
—Plotly/Dash によるデータ可視化と Web アプリ構築—

@driller・小川 英幸・古木 友子 (著)

B5 判／288 頁　978-4-254-12258-9 C3004　定価 4,400 円（本体 4,000 円＋税）

Web サイトで公開できる対話的・探索的（読み手が自由に動かせる）可視化を Python で実践。データ解析に便利な Plotly，アプリ化のためのユーザインタフェースを作成できる Dash，ネットワーク図に強い Dash Cytoscape を具体的に解説。